Gerda Köster

30 Minuten

Nachhaltig leben mit ZRM®

Bibliografische Information der Deutschen Nationalbibliothek

Die Deutsche Nationalbibliothek verzeichnet diese Publikation in der Deutschen Nationalbibliografie; detaillierte bibliografische Daten sind im Internet über http://dnb.d-nb.de abrufbar.

ISBN 978-3-96739-077-3

Umschlaggestaltung: die imprimatur, Hainburg
Umschlagkonzept: Martin Zech Design, Bremen
Lektorat: Eva Gößwein, Berlin
Abbildung 1 in Kap. 1.1: United Nations
Autorenfoto: Ruth Klapproth
Satz: Zerosoft, Timisoara (Rumänien)
Druck und Verarbeitung: Salzland Druck, Staßfurt

Wir drucken in Deutschland.

www.gabal-verlag.de
www.gabal-magazin.de
www.twitter.com/gabalbuecher
www.facebook.com/Gabalbuecher
www.instagram.com/gabalbuecher

In 30 Minuten wissen Sie mehr!

Dieses Buch ist so konzipiert, dass Sie in kurzer Zeit prägnante und fundierte Informationen aufnehmen können. Mithilfe eines Leitsystems werden Sie durch das Buch geführt. Es erlaubt Ihnen, innerhalb Ihres persönlichen Zeitkontingents (von 10 bis 30 Minuten) das Wesentliche zu erfassen.

Kurze Lesezeit

In 30 Minuten können Sie das ganze Buch lesen. Wenn Sie weniger Zeit haben, lesen Sie gezielt nur die Stellen, die für Sie wichtige Informationen beinhalten.

- Schlüsselfragen mit Seitenverweisen zu Beginn eines jeden Kapitels erlauben eine schnelle Orientierung: Sie blättern direkt zu dem Thema, das Sie besonders interessiert.

- *Zahlreiche Zusammenfassungen innerhalb der Kapitel erlauben das schnelle Querlesen.*

- Ein Fast Reader am Ende des Buches fasst alle wichtigen Aspekte zusammen.

- Ein Register erleichtert das Nachschlagen.

Inhalt

Vorwort

„Die Zukunft hängt davon ab, was du heute tust."
(Mahatma Gandhi)

Die Zukunft ist nicht vorhersehbar, und das nicht erst seit Covid-19. Die Menschheit steht vor disruptiven Veränderungen und großen Herausforderungen: Klimawandel, sinkende Biodiversität und eine rasant wachsende Weltbevölkerung sind nur drei Beispiele. Nach 250 Jahren Fortschritt durch Industrialisierung, der Maxime des unbegrenzten Wirtschaftswachstums und des grenzenlosen Konsums stellen wir fest, dass wir nur noch ein kleines Zeitfenster haben, um die schlimmsten negativen Folgen dieser Art zu leben und zu wirtschaften abwenden zu können. Nachhaltigkeit wird für viele Bereiche handlungsleitend.

„Nachhaltige Entwicklung" – nach Gro Harlem Brundtland – heißt, so zu agieren, dass die Bedürfnisse der Gegenwart erfüllt werden, ohne auf Kosten zukünftiger Generationen zu leben, und umfasst Ökologie, Ökonomie und Soziales. „Nachhaltig" als Adjektiv bedeutet, etwas dauerhaft, für eine lange oder längere Zeit zu tun. Beide Facetten von Nachhaltigkeit gehören zusammen. Viele Menschen haben verstanden, dass es auch auf das individuelle Verhalten ankommt, um die Herausforderungen der Zukunft zu bewältigen. Wenn viele Einzelne einen Unterschied machen, macht es einen kollektiven Unterschied. Dennoch mangelt es oft an der praktischen Umsetzung: Es fällt uns schwer, ins Handeln zu kommen. Die Ursachen für den mangelnden Transfer einer Absicht in nachhaltige Handlungen sind vielfältig. Häufig liegt es am mangelnden Wissen über Motivation, Methoden für Selbstmanagement und zielrealisierendes Handeln.

Diese Lücke möchte das vorliegende Buch schließen. Es lädt zur Reflexion und Klärung eines eigenen Themas ein, erläutert, wie jede und jeder von uns das eigene Verhalten an sich verändernde Realitäten anpassen, lieb gewonnene und jetzt nicht mehr zielführende Routinen ablegen und stattdessen neue, angemessenere Verhaltensweisen entwickeln kann.

Die methodische Basis bildet das von Dr. Maja Storch und Dr. Frank Krause entwickelte Zürcher Ressourcen Modell (ZRM®). An einigen Stellen wird außerdem eine Verbindung zur Theorie U von Otto Scharmer hergestellt. Die Methoden und die innere Haltung der Theorie U unterstützen Transformation in disruptiven Zeiten.

Viel Spaß beim Lesen, beim Ausprobieren und bei einer – im doppelten Sinn – nachhaltigen Lebensführung wünscht Ihnen

Gerda Köster

30 MINUTEN

1. Transformation zu nachhaltiger Lebensführung

Klimawandel, Ressourcenknappheit, Artensterben, Plastikmüll im Meer, Ernährung einer rasant wachsenden Weltbevölkerung – lange Zeit haben diese Themen im Bewusstsein breiter Bevölkerungskreise ein Schattendasein gefristet. Zwar wurden das Pariser Klimaabkommen und die UN-Nachhaltigkeitsziele kommuniziert, Wissenschaftler*innen mahnten zunehmend mehr die Folgen des bisherigen Wirtschaftens an. Wirklich ins Bewusstsein geraten ist die Thematik für viele aber erst mit der Fridays-for-Future-Bewegung und dem Green Deal der EU im Jahr 2019 als Fahrplan für nachhaltige Entwicklung.

Die Diskussion um nachhaltiges Leben und Wirtschaften, im Sinne eines bewussten Umgangs mit den natürlichen Ressourcen, nimmt in der Öffentlichkeit einen immer größeren Raum ein und wird durchaus kontrovers geführt. Warum sollten wir nachhaltiger leben? Welche Möglichkeiten haben wir als Einzelne, um das eigene Leben nachhaltiger zu gestalten? Wie kann nachhaltige Veränderung gelingen?

1.1 Die UN-Nachhaltigkeitsziele

Am 25. September 2015 verabschiedete die UN-Generalversammlung 17 Ziele für nachhaltige Entwicklung (Sustainable Development Goals, SDGs). Die 17 SDGs sind bis 2030 gültig. Durch sie sollen weltweit die aktuellen ökologischen, ökonomischen und sozialen Herausforderungen angegangen werden.
Zentrale Aspekte sind angemessenes Wirtschaftswachstum, Angleichung des Lebensstandards, Chancengleichheit, nachhaltiges Managen der natürlichen Ressourcen und der Erhalt der Ökosysteme.

- Einen Überblick über die SDGs gibt diese Website: **https://17ziele.de/**

Die SDGs sind rechtlich nicht bindend für die Mitgliedsstaaten. Es besteht jedoch breiter Konsens, dass sie mit höchster Priorität angegangen werden müssen, damit allen Menschen ein gutes Leben innerhalb der planetaren Grenzen ermöglicht wird. Die Ziele sind erreichbar, wenn Politik, Unternehmen und Bürger*innen Verantwortung übernehmen.

- Wie es um die Umsetzung der SDGs einer Kommune steht, erfährt man hier: **https://sdg-portal.de/de**

Auch die Frage, wie Wirtschaftswachstum zukünftig aussehen kann – sowohl für Nationen und Unternehmen als auch für Erwerbstätige und Konsument*innen –, muss diskutiert werden. Die Ressourcen unseres Planeten sind begrenzt, unbegrenztes Wachstum ist also gar nicht möglich.

Abb. 1: Die 17 UN-Nachhaltigkeitsziele im Überblick

Reflexion:

- Welche dieser 17 Ziele sprechen Sie besonders an?
- Welche dieser Ziele können oder wollen Sie durch Ihr individuelles Verhalten – beruflich wie privat – beeinflussen?

Die 17 UN-Ziele für nachhaltige Entwicklung (SDGs) stellen Leitlinien für den Umgang mit den Herausforderungen der aktuellen Zeit dar: ökonomisch, ökologisch und sozial.

1.2 Die große Beschleunigung und der perfekte Sturm

Seit Beginn der Industrialisierung hat vor allem die technologische Entwicklung gravierende Veränderungen bewirkt. Seit den 1950er-Jahren sprechen wir von „der großen Beschleunigung“: Jeweils zwölf sozioökonomische und ökologische Megatrends haben eine bislang nicht gekannte, rasante Entwicklung genommen. Hierzu zählen etwa der Anstieg der Weltbevölkerung, die Zunahme der Stadtbevölkerung, der Düngemitteleinsatz oder die exponentielle Ausbeutung fossiler Energieträger. Diese von Menschen und nicht von natürlichen Ereignissen geprägte Zeit wird als „Anthropozän“ (Menschenzeitalter) bezeichnet.

Ein „perfekter Sturm“ („Perfect Storm“) bezeichnet eine maximale Katastrophe und ist eine Metapher für die nachstehenden, bis 2030 erwarteten Ereignisse:

- Bevölkerungswachstum auf 8 Milliarden Menschen
- 50 Prozent erhöhter Bedarf an Nahrungsmitteln
- 30 Prozent höherer Bedarf an Frischwasser
- 30 Prozent höherer Energiebedarf

➤ Mehr zum „Perfect Storm“ erfahren Sie auf: **https://www.youtube.com/watch?v=9rXjmr64KjU**

Was bedeutet das? Die Welt steht vor gewaltigen Aufgaben. Die Corona-Pandemie wird der Menschheit rückblickend im Vergleich zum Klimawandel, dem

Rückgang an Biodiversität und dem „perfekten Sturm" fast harmlos vorkommen.
Diese Erkenntnis setzt sich in der Politik, in den Unternehmen und auch in der Bevölkerung mehr und mehr durch. Viele sind schon ins Handeln gekommen, andere befürchten jedoch, dass ihr vermeintlich kleiner Beitrag kaum positive Auswirkungen haben wird.

Die Welt steht vor großen Herausforderungen. Klimawandel, Verlust von Biodiversität, der perfekte Sturm – all dies sind Treiber für eine große Transformation.

1.3 „Tu du's" gegen Klimawandel

Es gibt eine Vielzahl wissenschaftlicher Studien zur Frage, welche (privaten) Verhaltensänderungen die wirksamsten sind, um die Erderwärmung auf 1,5 bis 2 °C gegenüber dem vorindustriellen Zeitalter zu beschränken. Einigkeit besteht darüber, dass ohne weitreichende Maßnahmen mit einem Anstieg um 4 °C zu rechnen ist. Über die daraus folgenden Konsequenzen berichtet unter anderem das Intergovernmental Panel on Climate Change (www.Archive.ipcc.ch).
Project Drawdown, 2014 von Paul Hawken initiiert, hat viele Vorschläge entwickelt, um gleichzeitig Erderwärmung, Armut und Mangelernährung zu bekämpfen. Die Vorschläge zielen auf eine Begrenzung der Erderwär-

mung um 1,5 bzw. 2 °C ab und nehmen verschiedene Zielgruppen in den Fokus. Für Privatpersonen umsetzbar ist demzufolge zum Beispiel:

- **Ernährung und Landwirtschaft:**
  - Lebensmittelabfälle vermeiden/reduzieren
  - Pflanzenbasierte Ernährung (vegetarisch/vegan)
  - Regionale/saisonale Produkte (ab Hof) einkaufen
  - Biologischer/organischer Anbau von Lebensmitteln
  - Grünstreifen an den Feldern
- **Energiebedarf:**
  - Energieeffiziente Geräte nutzen
  - Energie aus erneuerbaren Quellen nutzen
  - Auf Wäschetrockner weitestgehend verzichten
  - Kleidung nur dann waschen, wenn wirklich nötig
- **Mobilität:**
  - Den Pkw häufiger stehen lassen
  - Elektroauto oder E-Bike nutzen
  - Zu Fuß gehen, wann immer möglich
  - Flüge einschränken
- **Recycling, Wiederverwendung:**
  - Mülltrennung
  - Recyceltes Papier verwenden
  - Gegenstände, die nicht mehr gebraucht werden: reparieren, verschenken oder verkaufen
  - Kleidung lange tragen
- **Wohnen:**
  - Das eigene Haus energieeffizienter ausstatten und
  - gegen Wärme/Kälte isolieren
  - Dächer begrünen

- Warmwassergewinnung aus Solarpaneelen
- Photovoltaikanlage

- **Der Natur (mehr) Raum geben:**
  - Bäume pflanzen (oder in der Stadt: gießen)
  - Insektenfreundliche Garten-/Balkongestaltung
  - Begrünte Vorgärten (insektenfreundlich)

Drawdown hat berechnet, dass bis 2050 allein durch verminderten Lebensmittelabfall 94,56 Gigatonnen (Gt) CO_2 reduziert werden können. Weniger Lebensmittel (von der Produktion bis zum Konsum) wegzuwerfen, ist eine der klimawirksamsten Verhaltensweisen überhaupt!
Eine vegane Ernährung steht für Privatpersonen an zweiter Stelle, sie spart 91,72 Gt des klimaschädlichen Gases ein. Das ist mehr, als die Wiederaufforstung des tropischen Regenwaldes (85,14 Gt) einbringen würde. Photovoltaikanlagen auf Privathäusern würden 68,64 Gt CO_2 einsparen.
Onshore-Windkraftanlagen haben dieser Studie zufolge bis 2050 den größten positiven Effekt insgesamt (147,72 Gt Einsparung von CO_2).

➤ Details und Studien können unter Table of Solutions nachgelesen werden: **www.drawdown.org**

Reflexion

- Welche Verhaltensänderung ist für Sie möglich?
- Was können oder wollen Sie ausprobieren?
- Welche Verhaltensänderung würde Ihnen schwerfallen oder ist Ihnen nicht möglich?

30 *Viele „Tu du's" sind für Privatpersonen machbar und tragen zur Begrenzung der Erderwärmung bei.*

1.4 Transformation ins Neuland

Die geschilderten Herausforderungen verlangen nach einer systemischen Transformation in Politik und Gesellschaft, in Unternehmen und bei Privatpersonen. Transformation führt ins Neuland. Komfortzonen müssen verlassen, Werte und Glaubenssätze überprüft, vorhandene Denkmuster etwa über Wirtschaftsmodelle innoviert werden etc. Manchen Menschen fällt das leicht, anderen nicht. Bei manchen Themen fällt es leicht, bei anderen nicht. Damit Transformation gelingt, muss Wissen über die Herausforderungen und Handlungsalternativen vorhanden sein; dazu kann dieses Kapitel hoffentlich beitragen. Wissen allein genügt aber nicht:

- Um ins Handeln zu kommen, muss gewohntes Verhalten verändert werden,
- (intrinsische) Motivation vorhanden sein und
- ein Abgleich der eigenen bewussten Motive und unbewussten Bedürfnisse (was will ich wirklich) erfolgen, um
- schlussendlich zielrealisierend handeln zu können.

Das hört sich kompliziert an? Es gibt Methoden, die den Weg ins Neuland unterstützen. Das Zürcher Ressourcen Modell (ZRM®) ist eine davon.

„Alle Menschen leben ein gutes Leben innerhalb der planetaren Grenzen." Zu diesem von den UN formulierten Ziel können auch individuelle Veränderungen einen Beitrag leisten. Es gibt eine Vielzahl leicht umsetzbarer Ideen. Damit Veränderung gelingt, ist aber eine Verhaltensänderung nötig. 30

30
MINUTEN

2. Nachhaltig Verhalten ändern

„Ich weiß doch genau, was ich will. Ich weiß nur nicht, warum ich nicht auch entsprechend handele.“ Diese oder ähnliche Sätze hat wahrscheinlich jede und jeder schon einmal gesagt oder gedacht. Auch die klassischen Neujahrsvorsätze kennen viele: der feste Vorsatz, der am 31. Dezember gefasst wurde und auf den bereits nach wenigen Tagen oder Wochen wehmütig zurückgeblickt wird.

Dauerhafte und damit nachhaltige Verhaltensänderung ist schwieriger, als es auf den ersten Blick scheint. Dabei gibt es innovative Methoden für individuelle Veränderung und für Transformation in Unternehmen und Organisationen. Das Zürcher Ressourcen Modell® und die Theorie U sind geeignet, um eigene Ziele zu erreichen und Verhalten nachhaltig zu verändern. Beide Methoden sind wissenschaftlich anerkannt. In diesem Buch steht das ZRM® im Mittelpunkt. An einigen Stellen gibt es Verweise auf die Theorie U, die gut in Kombination mit dem ZRM® eingesetzt werden kann.

2.1 Das Zürcher Ressourcen Modell®

Das Zürcher Ressourcen Modell® (ZRM®) ist ein innovatives und leicht erlernbares Selbstmanagement-Training, um die eigene Handlungskompetenz zu stärken. Es wurde in den 1990er-Jahren an der Universität Zürich von Maja Storch und Frank Krause entwickelt. Mit ZRM® können wir unsere Absichten besser klären und uns auch in schwierigen Situationen so verhalten, wie es unserem eigentlichen Wunsch entspricht. Bei der Entwicklung wurden aktuelle Erkenntnisse aus der Motivationspsychologie und der Neurobiologie berücksichtigt. Als Methode zur Psychoedukation wird das ZRM® intensiv wissenschaftlich begleitet.

Was bedeutet Psychoedukation?
Die Rückenschulen-Metapher verdeutlicht dies: Genau wie in der Rückenschule wird beim ZRM® sowohl eine Anleitung für praktische Übungen gegeben als auch relevantes Wissen vermittelt. Statt Rückengesundheit bietet ZRM® praktische Methoden und Wissen zu Selbstmanagement, Zielrealisierung und Verhaltensänderung.

Wofür kann ZRM® eingesetzt werden?

Ursprünglich sollte ZRM® Schweizer Lehrer*innen in ihrem Selbstmanagement für den Schulalltag stärken. Mittlerweile gibt es einen bunten Strauß von Einsatzgebieten: Mit einer klar strukturierten Vorgehensweise können private wie berufliche Wünsche in die Tat umgesetzt werden. Die Themen können so vielfältig sein, wie das Leben nun einmal ist: Auch der Wunsch nach einer nachhaltigeren Lebensführung kann mit ZRM® so unterstützt werden, dass zielrealisierend gehandelt wird.

- Aktuelle universitäre Forschungsarbeiten und Wirksamkeitsstudien zu verschiedenen Themen finden sich auf: **https://ZRM.ch/forschung/**

ZRM® im Überblick

Mithilfe des Rubikon-Prozesses (s. Kapitel 3.1) wird aus einem Wunsch zielrealisierendes Handeln. Dafür werden zuerst unbewusste Bedürfnisse und bewusste Motive in den Blick genommen. Die Absichten von Kopf und Bauch werden synchronisiert. Dann wird ein Ziel auf Haltungsebene entwickelt, Ressourcen für die Verhaltensänderung werden aufgebaut und schwierige Situationen werden vorbereitet. Voraussetzung für zielrealisierendes Verhalten ist die innere Haltung!

ZRM® arbeitet konsequent ressourcenorientiert. So ist die Arbeit mit ZRM® für alle – auch ohne psychologischen Hintergrund – möglich. Ein positiver Nebeneffekt für Menschen, die regelmäßig mit ZRM®-Techniken arbeiten, ist ein Absinken des Cortisolspiegels (Cortisol ist ein Stresshormon), und zwar themenübergreifend.

30 *ZRM® ist eine Selbstmanagement-Methode, die konsequent ressourcenorientiert arbeitet und hilft, vom Wunsch in die Tat zu kommen.*

2.2 Die Theorie U

Die Theorie U wurde unter anderem von Otto Scharmer am MIT in Boston, USA, entwickelt. Eine Grundlage der Theorie U ist die Arbeit von Peter Senge. Senge entwickelte Methoden für Veränderungsprozesse und musste erkennen, dass es für manche Menschen leicht war, mit diesen Methoden zu arbeiten, für andere jedoch nicht. Otto Scharmer ging in der Folge der Frage nach, warum das so ist. Hierzu führte er 150 Interviews mit CEOs aus verschiedenen Unternehmen und Organisationen und begleitete aktiv Veränderungsprozesse in Unternehmen. Die Ergebnisse dieser Arbeit führten zur Theorie U: ein Rahmenwerk für Individuen, Teams, Unternehmen, Organisationen und Gesellschaften, um Transformation in disruptiven Zeiten zu ermöglichen.
Das „U“ steht für einen Paradigmenwechsel: Klassische Changemanagement-Methoden lernen aus der Vergangenheit, um Entscheidungen für die Zukunft zu treffen. Die Probleme unserer Zeit brauchen jedoch andere Methoden, um sie zu lösen, als die, die sie geschaffen haben. Die Theorie U besteht aus fünf Schritten, die es möglich machen, „aus der Zukunft zu lernen“ und blinde Flecken zu erkennen (Scharmer, Käufer 2016). Damit dies

möglich ist, müssen alte Muster (im Denken, Fühlen, Handeln) losgelassen werden. Die fünf Schritte der Transformation mit der Theorie U sind hier komprimiert aufgeführt:

1. Innehalten und mit offenen Augen hinschauen.
2. In das soziale Feld, in das System, hineinspüren.
3. Ganz präsent sein, verbunden mit der inneren Quelle.
4. Die Intention finden. Was ist es wirklich, das erschaffen/erreicht werden soll?
5. Einen Prototyp erstellen und in kleinen Schritten ausprobieren, umsetzen, optimieren.

Wichtige Elemente der Theorie U sind das Denken in Systemen, das Erkennen kollektiver oder individueller blinder Flecken, die achtsame Integration von Kopf, Herz und Hand und das Ins-Handeln-Kommen.

➤ Details und Materialien zum kostenlosen Download finden Sie hier: **https://www.presencing.org**

Die Theorie U ist ein von Otto Scharmer entwickeltes Rahmenwerk für Transformation in disruptiven Zeiten. Ebenso wie beim ZRM® geht es bei der Theorie U um die Synchronisation von Kognition und Emotion (Kopf und Bauch) mit dem Ziel, Veränderung zu gestalten. Beide Methoden können von Einzelpersonen und auch im organisationalen Kontext angewendet werden.

Warum spricht man davon, „den Rubikon zu überschreiten"?

Seite 26

Wie unterscheiden sich System 1 und System 2?

Seite 33

Warum ist Selbstregulation wichtig für eine nachhaltige Lebensführung?

Seite 40

3. Die Grundlagen des ZRM®

Nachhaltige, dauerhafte Verhaltensänderung ist in vielen Lebensbereichen und -phasen ein Thema. Mit ZRM® können unterschiedliche Themen bearbeitet werden. Die Arbeit mit ZRM® ist immer dann sinnvoll, wenn jemand vom Wunsch in die Handlung kommen möchte. Oder wenn – wie bei vielen Nachhaltigkeitsthemen – zwar schon ein Umdenken stattfand, das Verhalten aber dennoch nicht geändert wurde.

Die Theorie U würde sagen: Kopf, Herz und Hand arbeiten gemeinsam an einem Thema. In ZRM®-Sprache heißt es: Verstand und Unbewusstes sind so synchronisiert, dass wir ins Handeln kommen.

Um ZRM® anzuwenden, ist Grundlagenwissen über den Rubikon-Prozess, die zwei Systeme, die das Wahrnehmen, Bewerten und Entscheidungentreffen beeinflussen, sowie über somatische Marker und Handlungssteuerung wichtig. In diesem Kapitel werden diese Grundlagen vermittelt, bevor in den nachfolgenden Kapiteln die konkrete Arbeit mit ZRM® erläutert wird.

3.1 Der Rubikon-Prozess

Der Rubikon-Prozess ist der rote Faden, das Herzstück in der Arbeit mit ZRM®. Der von Storch und Krause entwickelte Rubikon-Prozess basiert auf dem Rubikonmodell der Handlungsphasen von Heckhausen und Gollwitzer (1987). Das Rubikonmodell kommt aus der Motivationspsychologie. Es hat einen klaren Phasenablauf, der die Arbeitsrichtung vorgibt.

Die vier Phasen des Rubikonmodells sind:

1. Abwägeprozess
2. Planungsphase
3. Handlungsphase
4. Bewertungsphase

Vor dem Rubikon (ursprünglich ein Fluss – mehr dazu unten) findet ein Abwägeprozess statt und es wird die Entscheidung über das zu verfolgende Ziel getroffen. Nach der Rubikon-Überquerung startet die Handlungsvorbereitung (Planung) und es wird zielrealisierend gehandelt. Je nachdem, ob jemand vor dem Rubikon steht und etwas *möchte* oder *vor hat zu tun* oder ob er den Rubikon überquert hat und etwas wirklich *will*, ändert sich die Bewusstseinslage.

Um den Rubikon zu überqueren, ist intrinsische Motivation erforderlich. Intrinsische (lateinisch „intrinsecus“ = hinwärts) Motivation ist für die Erreichung vieler Ziele wichtig. Denn der Antrieb zum Handeln, der aus der Person selbst kommt und nicht von „außen" motiviert wird, wirkt nachhaltiger.

Warum spricht man vom „Rubikon"?
Der Rubikon ist ein kleiner norditalienischer Fluss, an dem Julius Cäsar 49 v. Chr. eine folgenschwere Entscheidung traf: Der Fluss war damals die Grenze zwischen der römischen Provinz Gallia Cisalpina und dem italienischen Kernland mit Rom als Hauptstadt. Ein Überschreiten des Rubikons war daher mit einer Kriegserklärung an Rom gleichzusetzen. Auch Cäsar sollte sein Heer vor dem Rubikon auflösen. Dem widersetzte er sich. Der Überlieferung zufolge durchlebte Cäsar eine Nacht des Abwägens, die mit den Worten „Alea iacta est" – „Der Würfel ist gefallen" – endete. Am 10. Januar 49 v. Chr. überquerte er mit seinem Heer den Rubikon, löste einen Bürgerkrieg aus, gewann den Krieg und wurde so faktisch zum Alleinherrscher über das Römische Reich.

Der Rubikon-Prozess im ZRM®

Das Rubikonmodell der Handlungsphasen wurde durch Storch und Krause zum Rubikon-Prozess weiterentwickelt. Dieser umfasst nicht vier, sondern fünf Phasen und zeigt den Weg auf, den ein Wunsch durchlaufen muss, bis er in tatsächlichem Handeln mündet.
Im Rubikon-Prozess gibt es zwei Phasen vor der Rubikon-Überquerung. Nicht nur das bewusste Motiv, sondern auch das unbewusste Bedürfnis werden berücksichtigt. Warum ist das so? In der Psychologie hat zwischen der Entstehung des Rubikonmodells und des

Rubikon-Prozesses eine Weiterentwicklung stattgefunden: Die bildgebenden Verfahren der Neurowissenschaften konnten das Wirken des „Unbewussten" nachweisen. Während der Entwicklung des ZRM® haben Storch und Krause folglich eine Idee von Klaus Grawe aufgegriffen und unbewusste Bedürfnisse in den Rubikon-Prozess aufgenommen, denn: Wenn jemand ein Ziel erreichen möchte und dieser Wunsch nicht durch das Unbewusste unterstützt wird, so ist die Zielerreichung gefährdet. Der klassische Neujahrsvorsatz scheitert also oft daran, dass zwar ein Wunsch besteht, er aber nicht „über den Rubikon kommt" und nicht zu einer festen Absicht wird.

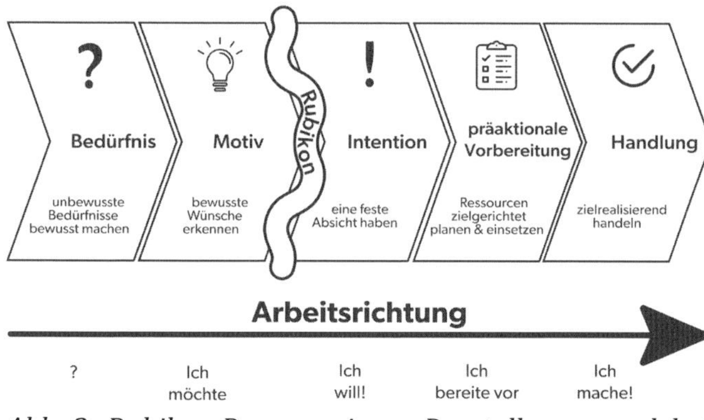

Abb. 2: Rubikon-Prozess, eigene Darstellung, angelehnt an Storch/Krause (2014)

1. (Unbewusstes) Bedürfnis

Ein Bedürfnis ist in der ZRM®-Terminologie unbewusst oder noch nicht hinreichend bewusst. Der Mensch hat durch den Verstand (noch) keinen Zugriff auf Bedürfnisse. Ein Bedürfnis kann (noch) nicht in Sprache gefasst werden. Bemerkbar macht es sich häufig durch ein Bauchgefühl/eine Intuition – in der Abbildung des Rubikon-Prozesses wird das durch ein „?" dargestellt. Unbewusste Bedürfnisse sind oft der Grund dafür, dass ein Wunsch nicht in die Tat umgesetzt wird, beispielsweise wenn zwar ein Wunsch besteht, es aber weitere, dem Wunsch widersprechende Bedürfnisse gibt.

Beispiel *für widersprechende Bedürfnisse aus dem Bereich der nachhaltigen Lebensführung: Das unbewusste Bedürfnis 1 „Nur noch fair produzierte, ökologische Kleidung tragen" steht im Widerspruch zum unbewussten Bedürfnis 2 „Immer topmodisch gekleidet sein".*

Bedürfnisse entfalten ihre innerpsychische Wirkung, auch wenn sie nicht bewusst sind! Im ZRM® wird mit Bildern gearbeitet, um Zugang zu Bedürfnissen zu erhalten. Man spricht dann davon, „das Unbewusste mit Hilfe von Bildern explorieren" (Storch, Krause 2014).

2. (Bewusstes) Motiv

Ein Motiv ist bewusst und kann durch Sprache ausgedrückt werden („Ich möchte xyz"). Auch bei bewussten Motiven können Motivkonflikte bestehen.

Beispiel: *„Ich möchte häufiger den öffentlichen Nahverkehr nutzen" kann im Widerspruch stehen zu „Ich möch-*

te schnell zur Arbeit kommen, damit ich Zeit habe, meine Kinder in die Betreuung zu bringen".

Auch ein Konflikt zwischen unbewussten Bedürfnissen und bewussten Motiven ist möglich.

Links vom Rubikon geht es also darum, Klarheit zu erzielen: Was will ich wirklich? Welche unbewussten Bedürfnisse sind da? Um welches bewusste Motiv geht es? Gollwitzer nennt diese Phase des Abwägens und Auswählens vor dem Rubikon „Goal Setting" (Gollwitzer 1992).

Der Rubikon

Der Rubikon beschreibt eine „innerpsychische Grenze". Sie kann für Außenstehende winzig, für die Person, die es betrifft, aber riesengroß sein. Den „Rubikon überschreiten" bedeutet, dass es kein Zurück mehr gibt. Aus dem Vorhaben kann tatsächliches Tun werden. Wir können ins Handeln kommen. Im ZRM® wird der Rubikon mithilfe der Formulierung eines Motto-Ziels überschritten.

3. Die Intention („Ich will")

Mit Überschreiten des Rubikons wird aus dem Motiv eine Intention. Aus dem Goal Setting wird rechts des Rubikons ein „Goal Striving" (Gollwitzer 1992). Aus dem „möchte" ist ein „will" geworden.

Reflexion:

- Welchen Unterschied nehmen Sie wahr, je nachdem, ob Sie „ich möchte“ oder „ich will“ sagen?
- Was bedeutet das für Ihr Ziel im Bereich der nachhaltigen Lebensführung?

Ist aus dem Wunsch („Ich möchte xyz ...“) eine Intention („Ich will xyz ...“) geworden, ist manchmal sofort zielrealisierendes Handeln möglich. Oft bestehen jedoch lange eingeübte Verhaltensautomatismen. Durch sie wird statt des gewünschten neuen Verhaltens nach wie vor das alte und jetzt unerwünschte Verhalten ausgelöst. Dann müssen weitere Ressourcen für zielrealisierendes Handeln aufgebaut werden.

4. Präaktionale Vorbereitung

Bei Verhalten, das lange und gut gelernt wurde, reicht die Intentionsbildung nicht aus, um zielrealisierend zu handeln. Das gilt beispielsweise für Themen, die mit unerwünschten Automatismen verbunden sind:

Beispiele: *Ein früher aus diversen Gründen hilfreicher, jetzt aber unerwünschter Automatismus kann sein: morgens nach dem ersten Kaffee erst mal eine Zigarette rauchen, mit dem Auto zum Bäcker fahren oder beim Zähneputzen das Wasser laufen lassen.*

Ein Automatismus ist eine Handlung, die – weil sie schon zigmal ausgeführt wurde und/oder weil sie mit einem Auslösereiz verbunden ist – sehr gut im Gehirn gebahnt ist und automatisch abläuft. Das ist hilfreich,

weil nach dem Auslösereiz automatisch die Handlung erfolgt. Das Gehirn muss weniger denken. Es ist jedoch nicht hilfreich, wenn neue Verhaltensweisen gelernt und eingeübt werden sollen.
Durch die präaktionale Vorbereitung wird im ZRM® ein Ressourcenpool aufgebaut, der hilft, alte Automatismen zu verlernen und neue zu entwickeln. Je mehr Automatismen verlernt oder gelernt werden müssen, um ein Ziel zu erreichen, desto mehr Zeit muss in diese Phase des Rubikon-Prozesses investiert werden.

5. Zielrealisierende Handlung

Jetzt ist der unbewusste Wunsch so weit gereift, dass entsprechend gehandelt wird: Vom unbewussten Wunsch bis zum zielrealisierenden Handeln ist es ein weiter Weg! Der Fokus in dieser fünften Phase liegt in der Reflexion von gelungenem bzw. misslungenem zielrealisierendem Handeln und auf dem Aufbau situationsspezifischer Ressourcen.

Der rote Faden durch das ZRM® ist der Rubikon-Prozess, ein Phasenmodell, das beschreibt, welche Phasen ein Wunsch durchlaufen muss, damit er in zielrealisierendem Handeln mündet.

3.2 Die zwei Systeme

„Ich denke, also bin ich", so der bekannte Ausspruch des Philosophen Descartes aus dem Jahr 1641. Weit gefehlt! Jeder Mensch verfügt evolutionär bedingt über zwei Systeme zum Wahrnehmen, Bewerten und Entscheiden. Das eine System ist bewusst, das andere unbewusst bzw. wenig bewusst.

Das war lange auch unter Psychologen strittig. Durch die bildgebenden Verfahren der Neurowissenschaften ist seit einigen Jahren nachweisbar, dass Menschen nicht nur durch den Verstand geleitet werden. Der Hirnforscher Gerhard Roth hat sich intensiv mit unbewusster Informationsverarbeitung beschäftigt und nachgewiesen, welche Gehirnareale bei unbewussten Prozessen aktiv sind.

Das Unbewusste spielt eine wichtige Rolle bei der Wahrnehmung dessen, was gerade erlebt wird. Wird das Unbewusste beim Weg vom Wunsch zum Ziel nicht berücksichtigt, wird der Weg nicht erfolgreich sein!

Für die beiden Systeme existieren – je nach psychologischer Schule – unterschiedliche Bezeichnungen. Daniel Kahneman hat die Begriffe „System 1" und „System 2" geprägt (Kahneman 2015). System 2 steht für den Verstand, System 1 für das Unbewusste bzw. das unbewusst arbeitende emotionale Erfahrungsgedächtnis.

	Verstand (System 2)	Das Unbewusste (System 1)
Verarbeitungsmodus	bewusst	unbewusst
Kommunikation	Sprache	somatische Marker
Arbeitstempo	langsam	schnell
Bewertung	richtig/falsch	mag ich/mag ich nicht
Informationsverarbeitung	sequenziell	parallel
Zeithorizont	Zukunft	Gegenwart

(Tabelle angelehnt an Storch/Krause 2014)

Was kennzeichnet den Verstand?

- Der Verstand setzt mit ca. 1,5 bis 2 Jahren ein. Er befindet sich im präfrontalen Kortex, dem jüngsten Teil des menschlichen Gehirns.
- Alles, was durch Sprache (sprechen, lesen, hören) ausgedrückt werden kann, kommt aus dem Verstand.
- Der Verstand arbeitet eher langsam. Er benötigt mindestens 800 Millisekunden, um etwas zu bewerten.
- Bei Hektik, Stress und Druck im Alltag ist er störanfällig.
- Er bewertet nach richtig und falsch – entsprechend der Sozialisierung, sachlicher Korrektheit oder Logik. Was richtig/falsch ist, kann soziokulturell unterschiedlich sein.
- Es kann immer nur ein Gedanke gleichzeitig gedacht werden. Die Verarbeitung findet sequenziell statt.
- Der Verstand plant und ist auf die Zukunft ausgerichtet.

Was kennzeichnet das Unbewusste?

- Bereits ab der fünften Schwangerschaftswoche werden alle Erfahrungen im limbischen System des Gehirns eines Embryos gespeichert.
- Es wird unterschieden nach „Mag ich" oder „Mag ich nicht", „Ist mir angenehm" oder „Ist mir unangenehm".
- Das Unbewusste kommuniziert durch Körperempfindungen und Gefühle und nicht durch Sprache.
- Es ist ständig im Einsatz, funktioniert automatisch, ist nicht störanfällig und kann blitzschnell (innerhalb von 200 Millisekunden) eine Bewertung abgeben.
- Eine parallele Verarbeitung des Wahrgenommenen ist möglich. (Beispiel: Ein Autofahrer kann gleichzeitig die Ampel sehen, das spielende Kind im Blick haben, den Radfahrer, der sich von links nähert, bemerken *und* schnell situationsadäquat reagieren.)
- Das Unbewusste agiert im Hier und Jetzt: „Ich mag jetzt das billige T-Shirt kaufen – mir doch egal, wie es hergestellt wurde ..."

Warum ist das Wissen über diese zwei Systeme wichtig?

Wenn die beiden Systeme nicht synchronisiert sind (d. h. wenn der Verstand etwas anderes will als das Unbewusste), wird keine Entscheidung getroffen und/oder der Mensch kommt nicht ins Handeln.

Reflexion:
Hand aufs Herz: Entscheiden Sie eher verstandesmäßig oder sind Sie eher ein Bauchmensch?

Jeder Mensch hat evolutionsbedingt zwei Systeme, den Verstand und das Unbewusste, zum Wahrnehmen, Bewerten und Entscheiden. Die Systeme arbeiten unterschiedlich. Ins Handeln kommen Menschen nur, wenn beide Systeme synchronisiert sind.

3.3 Somatische Marker

Die Theorie der somatischen Marker wurde vom portugiesischen Hirnforscher António Damásio 2001 geprägt: Jeder Mensch verfügt über ein affektives (= gefühlsmäßiges) Bewertungssystem, das unterhalb der Bewusstseinsschwelle arbeitet (Storch, Krause 2014).
Das affektive Bewertungssystem äußert sich durch somatische Marker (Soma = Körper; Marker = Markierung). Weil somatische Marker auch eine affektive Komponente haben, spricht Storch auch von soma-affektiven Markern.
Somatische Marker prüfen blitzschnell – innerhalb von 200 Millisekunden –, welche Erfahrungen zu einem Thema im Laufe des Lebens bereits gemacht wurden. Diese Erfahrungen können positiv oder negativ sein und äußern sich auf körperlicher Ebene zum Beispiel wie folgt:

- Kloß im Hals vor Aufregung
- Ein Gefühl von „Nicht der schon wieder…“, wenn am Montagmorgen die Mail eines komplizierten Kunden auf dem Bildschirm erscheint
- Magenschmerzen bei Angst
- Frisch verliebt und Schmetterlinge im Bauch
- Kribbeln in den Fingern vor lauter Vorfreude

Somatische Marker können, müssen aber nicht in der Bauchgegend auftreten. Sie als „Bauchgefühl“ zu bezeichnen, ist daher nicht immer korrekt. Körpersignale können an jeder Stelle im Körper entstehen und bemerkt werden.
Somatische Marker senden ein „angenehm“ oder „unangenehm“ als Information zur Bewertung einer Situation. Ein „hin zu“ oder „weg von“ als Reaktion auf einen Auslösereiz ist auch bei einfachen Lebensformen zu finden. Dieses „hin zu“ oder „weg von“ hat evolutionär über Millionen von Jahren das Überleben von Arten beeinflusst. Auch bei uns Menschen.

Übung: Kennen Sie Ihre Marker?

Nehmen Sie sich ein wenig Zeit und spüren Sie nach, wo und wie Sie in der Regel Ihre somatischen Marker wahrnehmen. Sie können Ihre somatischen Marker verschiedenfarbig in die nachstehenden Figuren einzeichnen:

Positive somatische Marker

Negative somatische Marker

Abb. 3: Meine somatischen Marker, eigene Darstellung

Kennen Sie Ihre positiven und negativen somatischen Marker? Negative somatische Marker werden in aller Regel häufiger wahrgenommen als positive. In unserer Entwicklungsgeschichte war es überlebenswichtig, Gefahren früh zu erkennen und schnell zu handeln, um das individuelle Überleben und das Überleben der Art sicherzustellen. Zu wissen „Mag ich nicht – der könnte mich fressen" ist für das Überleben eben wichtiger als „Mag ich – die Beere schmeckt gut". Negativity Bias ist der Fachbegriff dazu.
Somatische Marker haben alle Menschen. Manchen fällt es leicht, diese wahrzunehmen, anderen nicht. Immer wieder Aufmerksamkeit auf eigene somatische Marker zu lenken und diese bewusst in Entscheidungen einzubeziehen, baut wichtige Kompetenzen für das Treffen von Entscheidungen auf.

➤ Mehr Input zu somatischen Marken gibt es auf: **https://gerda-m-koester.de/30-Min-ZRM-Bonus**

Somatische Marker geben innerhalb von ca. 200 Millisekunden eine Rückmeldung aus dem Unbewussten zu einem Thema oder einer erlebten Situation – in Form eines „Mag ich" (ein positiver somatischer Marker) oder eines „Mag ich nicht" (ein negativer somatischer Marker).

3.4 Das Handeln steuern

Handlungssteuerung kann auf drei Arten erfolgen:

1. **Selbstkontrolle:** Das bedeutet, dass der Verstand als wichtiger angesehen wird als das Unbewusste. Bei kurzfristigen Themen (Steuererklärung, Wurzelbehandlung, Bachelorarbeit fertigstellen ...) ist das unproblematisch. Handelt ein Mensch aber dauerhaft im Modus Selbstkontrolle, so ist dies psychisch ungesund. Da der Verstand zudem störanfällig ist, halten die meisten den Modus Selbstkontrolle nicht dauerhaft durch. Selbstkontrolle funktioniert auch beim Wunsch nach nachhaltiger Lebensführung nicht, denn die Veränderung hin zu einer nachhaltigen Lebensführung benötigt ein hohes Maß an intrinsischer Motivation und einen langen Atem.
2. **Impuls:** Aus dem Impuls heraus handeln Menschen, wenn sie sich durch das Unbewusste leiten lassen und den Verstand beiseiteschieben. Das funktioniert gut bei Themen, die bestens beherrscht werden. Wenn Impulsivität sich unkontrolliert durchsetzt (z. B. bei Jugendlichen, die in der Pubertät Unfug machen), wird das im Nachhinein oft bedauert.
3. **Selbstregulation:** Das ist Ziel des ZRM®: Verstand und Unbewusstes wollen dasselbe. Deshalb ist die Phase des Abwägens und Auswählens links vom Rubikon so wichtig. Hier wird das unbewusste Bedürfnis exploriert und mit bewussten Motiven abge-

glichen. So entsteht intrinsische Motivation, und die ist wichtig, wenn ein langer Atem benötigt wird.

Für ein gesundes, gutes Leben empfiehlt Storch ein Verhältnis von 20 Prozent Selbstkontrolle (weil die Steuererklärung nun mal gemacht werden muss ...) und 80 Prozent Selbstregulation.

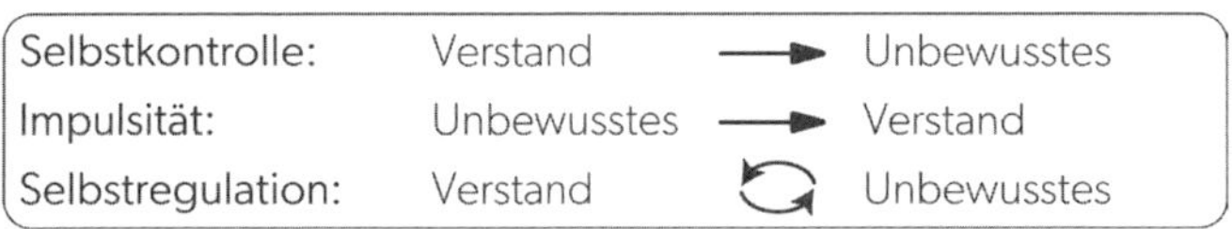

Abb. 4: Handlungssteuerung, eigene Darstellung

Der Rubikon-Prozess ist der rote Faden für das Selbstmanagement mit ZRM®. Bei der Arbeit an einem Thema werden die zwei Systeme – Verstand und Unbewusstes – synchronisiert, damit zielrealisierendes Handeln möglich ist. Sprache ist der Zugang zum Verstand, somatische Marker sind der Zugang zum Unbewussten. Ziel ist es, im Modus der Selbstregulation zu handeln.

30
MINUTEN

4. Vom Wunsch zum Ziel

Wie kann an einem konkreten eigenen Wunsch mit ZRM® gearbeitet werden? Wie sieht der Weg vom Wunsch nach einer nachhaltigen Lebensführung zum nachhaltigen Handeln in der Praxis aus? In diesem und den folgenden Kapiteln helfen Ihnen klare Anleitungen, um Schritt für Schritt mit ZRM® ein eigenes Thema zu bearbeiten und dabei den Weg vom Wunsch zum zielrealisierenden Handeln selbst zu gehen.
Der Rubikon-Prozess ist der rote Faden der Arbeit mit dem ZRM®. Gestartet wird links vom Rubikon, mit der Phase des Abwägens und Auswählens. Zunächst gilt es zu klären: Was will ich wirklich? Was sind meine bewussten Motive und unbewussten Bedürfnisse? Das zu beantworten ist oft gar nicht so leicht. Neben der Exploration des Unbewussten mit ZRM® kann auch die Theorie U helfen, herauszufinden, was man wirklich will.
Wenn Klarheit besteht, ist die Formulierung eines Motto-Ziels der nächste Schritt. Ein Motto-Ziel drückt eine innere Haltung aus und ist wichtig für die Rubikon-Überquerung.

4.1 Mein Thema finden

Zu wissen, welche Schritte wie unternommen werden müssen, damit ein Wunsch in die Tat umgesetzt werden kann, zählt zu den relevanten Lebenskompetenzen. Ausgangspunkt ist oft ein diffuser Wunsch: „Ich möchte einen Beitrag zur Reduzierung der Erderwärmung leisten", oder: „Ich möchte meinen Enkeln eine lebenswerte Welt hinterlassen." Was genau getan werden muss, welche Konsequenzen damit verbunden und welche Verhaltensänderungen erforderlich sind, ist unklar. Wenn es auf dieser Formulierungsebene bleibt, wird das „Ich möchte" wahrscheinlich nicht erreicht. Der Wunsch bleibt diffus und kommt nicht über den Rubikon.

Den diffusen Wunsch klären

Daher ist es wichtig, mehr Klarheit über den Wunsch und die dahinterliegenden Bedürfnisse zu erhalten. Zwei Vorgehensweisen bieten sich an:

1. Logbuch

Teilnehmende eines ZRM®-Trainings bereiten sich mit einem Logbuch auf das Training vor. Mit dessen Hilfe reflektieren sie vor dem Training ihren Alltag und suchen Situationen, in denen sie sich gern anders verhalten hätten. Diese Situationen notieren sie im Logbuch wie folgt:

- Mein Logbuch zu: ...

- Situation: ...
- Gefühl, das durch die Situation ausgelöst wurde: ...
- Stärke des Gefühls: [auf einer Skala von 0 bis 100]
- So möchte ich stattdessen handeln/mich fühlen: ...

Wenn mehrere Situationen beschrieben wurden, wird nach Gemeinsamkeiten gesucht. So erhalten Sie einen ersten Zugang zu dem, worum es eigentlich geht.

2. Reflektives Journaling

Zu mehr Klarheit über das „Ich möchte" trägt auch das reflektive Journaling aus der Theorie U bei. Dabei handelt es sich um schnelles, reflektierendes Schreiben. Als Material werden Blatt, Stift und eine Stoppuhr benötigt. Ohne groß darüber nachzudenken, wird aufgeschrieben, was einem zu einem Thema oder einer Frage in den Sinn kommt.

Scharmer hat 16 hilfreiche Journaling-Fragen zur Intentionsbildung formuliert (Scharmer, Käufer 2014). Diese lassen sich als Unterstützung für den ZRM®-Prozess auf die nachstehenden acht Fragen reduzieren. Pro Frage sind ein bis zwei Minuten Schreibzeit einzuplanen.

1. Was in meinem Leben/in meiner Arbeit geht jetzt zu Ende und was will geboren werden?
2. Welche Menschen haben mir auf meinem bisherigen Lebensweg geholfen, mein Potenzial voll auszuschöpfen?
3. Was sind meine Energiequellen? Was liebe ich?

4. Ich schaue einmal auf mich selbst wie aus einem Hubschrauber heraus: Was versuche ich in diesem Stadium meines Lebensweges gerade zu tun?
5. Ich betrachte meine aktuelle Situation aus der Perspektive, die ich als junger Mensch hatte: Was hat mir dieser junge Mensch zu sagen?
6. Welchen Rat würde mein Zukunfts-Selbst meinem heutigen Selbst geben?
7. Wo fühle ich in diesem Augenblick, dass sich eine zukünftige Möglichkeit eröffnet?
8. Was müsste ich loslassen, um diese zukünftige Möglichkeit zu verwirklichen? Welches Alte (Verhaltensweisen, Gewohnheiten) muss ich durch Neues ersetzen?

Mein Thema ist …

Mit den so gewonnenen Erkenntnissen wird mehr Klarheit erzielt. Das Formulieren von „Mein Thema ist …“ fällt jetzt leichter.

 # Ein eigenes Thema mit ZRM® klären:
An welchem Thema (der nachhaltigen Lebensführung) möchten Sie arbeiten?

Wenn zum ersten Mal mit ZRM® gearbeitet wird, fällt es manchmal schwer, sich auf ein einziges konkretes Thema zu beschränken. Das Unbewusste signalisiert, dass zuerst ein Lebensmotto erarbeitet werden sollte, bevor es an die Arbeit an einem Thema geht. In diesem Fall kann themenübergreifend gearbeitet werden. Wie das geht, wird im nächsten Kapitel erläutert.

Als ersten Schritt zur Klärung des Wunsches nutzt ZRM® ein Logbuch. Ergänzend kann mit dem reflektiven Journaling der Theorie U gearbeitet werden.

4.2 Mein Bild wählen

Das Thema ist formuliert. Jetzt beginnt die Phase des Abwägens und Auswählens links vom Rubikon durch das Explorieren der unbewussten Bedürfnisse. Das ZRM® nutzt hierzu Bilder. Über Projektion identifiziert das Unbewusste im Bild bestimmte Inhalte. Es zeigen sich Aspekte aus dem Unbewussten, die für die weitere Arbeit mit dem Wunsch relevant, aber (noch) nicht bewusst zugänglich sind.

Die verwendeten Bilder sollen stark positive Gefühle auslösen und ressourcenaktivierend wirken. Im Bildmaterial befinden sich daher nur positiv wirkende Bilder. Die Bilder müssen neu bzw. nicht an andere Erinnerungen gebunden sein: Urlaubsbilder etc. sind nicht geeignet, denn sie lösen Assoziationen zu diesen Erlebnissen aus.

- Für die Bildwahl können unter anderem das kostenlose Onlinetool **https://zrm.ch//_%20Online%20 Tool.htm** oder die ZRM®-Bildkartei (Storch/Krause 2011) genutzt werden.

Bilder, die ein gutes Gefühl auslösen, können auch im Kunstmuseum oder am Postkartenständer gefunden oder selbst gemalt werden. Wichtig ist, dass das Bild keine Sprüche, Wörter oder Zahlen enthält. Wörter und Zahlen aktivieren den Verstand. Angesprochen werden soll aber nicht der Verstand, sondern das emotionale Erfahrungsgedächtnis.
Die Bildwahl kann offen (themenübergreifend) erfolgen mit Blick auf die Lebensphase und Situation, in der sich jemand gerade befindet. Alternativ kann sie themenbezogen erfolgen, zum Beispiel bei der Übernahme einer Führungsaufgabe, bei gewünschten Verhaltensänderungen, speziell für die Fahrprüfung oder beim Wunsch, nachhaltiger zu leben.
In jedem Fall ist es wichtig, vor der Bildwahl in einen entspannten Zustand zu kommen – zum Beispiel durch eine Meditation, Atemübungen, einen Spaziergang. Denn so erhält man einen guten Zugang zum Unbewussten. Die Qualität der Bildwahl hängt davon ab, wie gut sich der Bauch zu Wort melden kann. Hauptsache, die Bildwahl erfolgt ausschließlich über stark positive Gefühle und ist keine rationale Entscheidung!

Der Prozess des Bildauswählens

Lassen Sie sich beim Betrachten der Bilder (Bildkartei, Onelinetool, eigene Bilder) von diesen Fragen leiten:

- Welches Bild spricht mich stark positiv an?
- Welches Bild kann eine Ressource für mein Thema sein?

- Welches Bild kann mir eine Ressource in meiner jetzigen Lebensphase sein?

Wählen Sie das Bild aus, das die stärksten positiven Gefühle, den stärksten positiven somatischen Marker auslöst. Es kann ein Gefühl entstehen von „Dieses Bild will einfach zu mir", ein wirklich wohliges Gefühl im Bauch oder auch ein „Total kitschig – aber das *muss* es einfach sein!". Warum es gerade dieses Bild sein soll, muss jetzt noch nicht klar sein, es muss sich nur richtig gut anfühlen.
Wenn der Verstand sich dabei zu Wort meldet, vielleicht mit einem „Ernsthaft jetzt – dieses Bild?", dann reicht es aus, dies kurz wahrzunehmen, dem Verstand zu danken und dennoch nach dem Gefühl zu entscheiden. Der Verstand wird noch benötigt, nur nicht an dieser Stelle. Das Unbewusste wählt das Bild, nicht der Verstand!

 # Ein eigenes Thema mit ZRM® klären:
Auf welche Art und Weise wählen Sie das Bild für Ihr Thema aus? Und: Welches Bild haben Sie ausgewählt?

Durch Sprache ist eine Exploration des Unbewussten nicht möglich. Um unbewussten Bedürfnissen auf die Spur zu kommen, nutzt das ZRM® Bilder.

4.3 Ideenkorb und Affektbilanz

Nach der Bildwahl durch ein stark positives Gefühl wird der Verstand ins Boot geholt. Links vom Rubikon ist Abwägen und Auswählen gefragt. Dazu müssen das unbewusste Bedürfnis und das bewusste Motiv synchronisiert werden. Verstand und Unbewusstes müssen dasselbe Ziel verfolgen.

Zunächst werden erste eigene Überlegungen angestellt, weshalb ausgerechnet dieses Bild gewählt wurde:

- Was hat mich zu diesem Bild hingezogen?
- Welche Bedeutung kann das Bild für mein Thema oder meine aktuelle Lebenssituation haben?
- Welche Botschaft kann mein Unbewusstes in diesem Bild gesehen haben?

 # Ein eigenes Thema mit ZRM® klären:
Was sind Ihre ersten Gedanken zum Bild? Welche Botschaft Ihres Unbewussten könnte im Bild stecken?

Warum dieses Bild? Ein Beispiel

Das Bild wurde mit einem positiven somatischen Marker, einem richtig guten Gefühl, ausgewählt. Das zeigt, dass das Unbewusste im Bild eine Ressource sieht. Im Bild können also Informationen verborgen sein, die weiterhelfen können. Ein Beispiel zur Veranschaulichung:

Das Thema: *„Ich möchte mich regionaler, saisonaler ernähren und weniger Fleisch essen."*

Das ausgewählte Bild:

Abb. 5: private Aufnahme, Gerda Köster

Erste Vermutungen zum Bild:

- Regional und saisonal kann sehr unterschiedlich sein.
- Viele essbare Früchte und Gemüsesorten kenne ich gar nicht.
- Der Weg dahin kann stachelig sein. Will ich das?
- Auf dem Bild ist eine Gruppe von Kakteen, keine Solitärpflanze. Vielleicht geht es besser in Gemeinschaft?
- Das Bild strahlt Ruhe aus – nichts überstürzen.

Möglicherweise gibt es noch weitere relevante Aspekte im Bild, die noch nicht ins Bewusstsein gekommen sind. Wie können diese ins Bewusstsein gebracht werden?

Den Ideenkorb füllen

Der Ideenkorb des ZRM® ermöglicht es, das Unbewusste zu erforschen, ohne auf psychologisch ausgebildete Spezialisten zurückgreifen zu müssen. Es handelt sich dabei um einen imaginären Korb, die Vorgehensweise ist mit einem Brainstorming vergleichbar. In diesen „Korb" geben – wenn möglich – vier Personen ihre positiven Assoziationen zum Bild hinein. Die vier Personen werden „Fremdgehirne" genannt, weil sie andere Lebenserfahrungen, Sichtweisen, Ideen und positive Assoziationen zum Bild haben als die Hauptperson. So bereichern sie den Ideenkorb und helfen, unbewusste Aspekte zutage zu bringen.

Zusammenarbeit mit den Fremdgehirnen

Neben den bewusst geäußerten Ideen der Hauptperson enthält das Bild wahrscheinlich weitere unbewusste und dennoch relevante Aspekte. Auf diese unbewussten Ideen hat die Hauptperson durch bewusstes Nachdenken keinen Zugriff. Die Fremdgehirne können durch das Äußern der eigenen positiven Assoziationen zum Bild eine reichhaltigere Ideensammlung anbieten und den Blickwinkel erweitern.

Löst eine Assoziation ein „Mag ich" aus, kann die Hauptperson schärfen, worum es wirklich geht. Bei einem „Mag ich nicht" wird für sie klarer, worum es nicht gehen soll.

Bei vier Personen ist die Rollenverteilung wie folgt: Bildgeber*in (Hauptperson) und als Hilfspersonen Zeitwächter*in und Protokollant*in. Bis auf die Hauptperson fungieren alle als Ideengeber*innen. Bei weniger als vier Personen nehmen die Hilfspersonen mehrere Rollen gleichzeitig wahr.

Abb. 6: Ideenkorb, eigene Darstellung, angelehnt an Storch/Krause (2014)

Ideenkorb füllen – Vorgehen bei Gruppenarbeit:

1. Festlegen der Rollenverteilung: Wer ist zuerst Bildergeber*in, wer Zeitwächter*in, wer Protokollant*in? Bis auf die Hauptperson sind alle auch Ideengeber*innen.
2. Aufgaben der Hilfspersonen: Zeitwächter*in achtet auf das Einhalten der vereinbarten Zeit von 3 bis 5 Minuten pro Bild. Protokollant*in notiert die genannten positiven Assoziationen und füllt so den Ideenkorb.

3. Bildgeber*in (Hauptperson) stellt das Bild kurz vor und erläutert mit einem Satz das Thema.
4. Wenn alles vorbereitet ist, lehnt sich die Hauptperson entspannt zurück und achtet auf die somatischen Marker. Die Ideengeber*innen äußern ihre positiven Assoziationen. Nachgefragt oder kommentiert wird nicht.
5. Die Ideengeber*innen liefern so viele positive Assoziationen zum Bild wie irgend möglich: Farben, Formen, Helligkeit, deutlich – verschwommen, nah – entfernt, Bildinhalt etc. Wichtig ist, dass nur positive Assoziationen in den Ideenkorb kommen. So kann das Unbewusste abwägen: Mag ich diese Assoziation oder mag ich sie nicht?
6. Wenn die Zeit für das erste Bild vorbei und der erste Ideenkorb gefüllt ist, werden die Rollen gewechselt und Assoziationen zu den anderen Bildern gesammelt.

Ideenkorb füllen – Vorgehen bei Einzelarbeit:
Auch wenn der ZRM®-Prozess allein durchlaufen wird, hilft es, „Fremdgehirne" zum ausgewählten Bild zu befragen. Folgende Möglichkeiten gibt es:

- Familie, Freund*innen, Nachbar*innen oder Kolleg*innen schauen das Bild an (persönlich oder digital) und nennen positive Assoziationen. Dazu muss nicht viel zum Thema oder zu ZRM® erläutert werden.
- Wird mit dem ZRM®-Onlinetool gearbeitet, wird automatisch eine Liste mit positiven Assoziationen ange-

zeigt. Auch auf diese Art und Weise kann mehr Ideenmaterial für das Unbewusste bereitgestellt werden.

Beispiel: Ideenkorb zum „Kaktusbild"
Sonne; Strand; Urlaub; Süden; genießen; fremde Früchte; exotisch; Sandkörner; Wärme speichern; Vielfalt; nahrhaft; Wasser und Mineralien speichern; genügsam; regionale Früchte; man muss wissen, wie man sie isst; können sehr alt werden; standortgebunden; prachtvoll anzusehen.

 # Ein eigenes Thema mit ZRM® klären:
Welche positiven Assoziationen, von Ihnen und von Fremdgehirnen, finden sich in Ihrem Ideenkorb wieder?

Die Affektbilanz

Im nächsten Schritt wird der Ideenkorb ausgewertet. Dazu haben Storch und Krause die Affektbilanz entwickelt. Mit der Affektbilanz kann blitzschnell, innerhalb von 200 Millisekunden, eine Rückmeldung des Unbewussten zu jedem beliebigen Thema eingeholt werden. Diese Rückmeldung erfolgt über somatische Marker und/oder über blitzschnell auftauchende Gefühle (Affekte). Sie ist eine gute Alternative, um über Gefühle zu sprechen, und auch für eher kognitiv geprägte Menschen geeignet.
Die Affektbilanz besteht aus zwei visuellen Analogskalen: Am oberen Ende der Skalen wird eine „100", am unteren Ende eine „0" eingetragen. Zwischenstriche

werden nicht eingezeichnet. Weil nicht auf ein Zahlenkonzept zurückgegriffen werden kann, kann der Verstand keine Rückmeldung geben. Diese kann nur aus dem Unbewussten erfolgen.

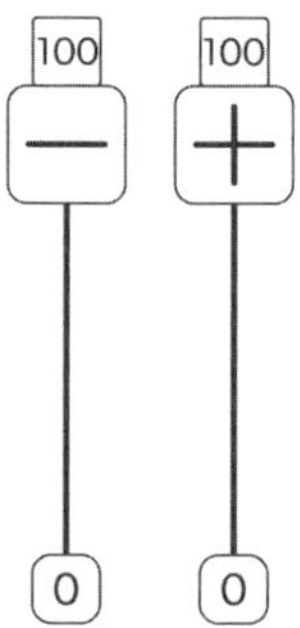

Abb. 7: Affektbilanz, eigene Darstellung, angelehnt an Storch/Krause (2014)

Affekte werden – soweit wir es heute wissen – im limbischen System unseres Gehirns gespeichert. Negative Affekte in der Amygdala, positive Affekte im Nucleus accumbens. Weil positive und negative Affekte an verschiedenen Stellen gespeichert sind, hat die Affektbilanz zwei Skalen. So können auch gemischte Gefühle dargestellt werden.

Die Rückmeldung des Unbewussten kann stark, mittel oder schwach positiv oder negativ sein:

- Beispiele für einen stark positiven Affekt: *das Gefühl, frisch verliebt zu sein, der Besuch eines guten Freundes, den Lieblingssport ausüben ...*

- Stark negative Affekte sind zum Beispiel möglich bei Themen wie: *Krieg, Hungersnöten, Plastik in den Ozeanen, einem viel zu trockenen Sommer …*

Die Bewertung auf der Affektbilanz ist immer individuell, denn sie erfolgt aus dem emotionalen Erfahrungsgedächtnis (dem Unbewussten) heraus. Dieses ist gefüllt mit den Erlebnissen eines Menschen, mit „Mag ich"- oder „Mag ich nicht"-Bewertungen. Es gibt kein Richtig oder Falsch, sondern nur eine individuelle Sicht der Dinge.
Die Affektbilanz kann auch gemischte Gefühle abbilden. Der Gedanke an „Urlaub" kann stark positive Affekte („endlich Sonne und Meer") und zeitgleich negative Affekte („Kofferpacken") auslösen. Gemischte Gefühle kommen häufig vor.

Den Ideenkorb auswerten

Die Hauptperson wertet jede positive Assoziation im Ideenkorb mithilfe der Affektbilanz aus. Das funktioniert so:

- Eine Affektbilanz auf ein Blatt Papier zeichnen.
- Jedes Wort auf die Affektbilanz hin überprüfen: Blitzschnell je einen Strich auf der negativen und der positiven Seite der Affektbilanz einzeichnen.
- Wörter, die eine Affektbilanz von null auf der negativen Skala und mindestens 70 auf der positiven Skala haben, markieren. Mit diesen Wörtern, den Lieblingsideen, wird später weitergearbeitet.

In dieser Phase findet eine intensive Synchronisation von Verstand und Unbewusstem statt: Die Bildwahl und Affektbilanz sprechen das Unbewusste an, die Wörter im Ideenkorb den Verstand.

- Mehr Input zur Affektbilanz gibt es unter: **https://gerda-m-koester.de/30-Min-ZRM-Bonus**

Zurück zum Beispiel „Kaktusbild":
Folgende Wörter haben sich in der Auswertung mit der Affektbilanz als Lieblingsideen entpuppt: *genießen; natürliche Umgebung; Vielfalt; nahrhaft; Wasser und Mineralien speichern; standortgebunden; prachtvoll anzusehen.*

 # Ein eigenes Thema mit ZRM® klären:
Welche Wörter aus Ihrem Ideenkorb sind Ihre Lieblingsideen (mindestens 70 auf der Positiv- und 0 auf der Negativ-Skala)?

Mit der Ideenkorb-Technik werden positive Assoziationen zum ausgewählten Bild gesammelt. Diese werden mit der Affektbilanz ausgewertet.

4.4 SMART-Ziel und Motto-Ziel

Jetzt steht der nächste Schritt an: die Überquerung des Rubikons. Dazu muss aus dem Wunsch ein Ziel werden. Wie können Ziele formuliert sein und welches Ziel wirkt handlungsleitend?

Es gibt verschiedene Zieltypen: Ziele können situationsspezifisch („*Morgen* fahre ich mit der Bahn zur Arbeit") oder situationsübergreifend („Ich fahre *immer* mit der Bahn zur Arbeit") sein. Sie können eine Haltung ausdrücken oder gewünschtes Verhalten beschreiben.

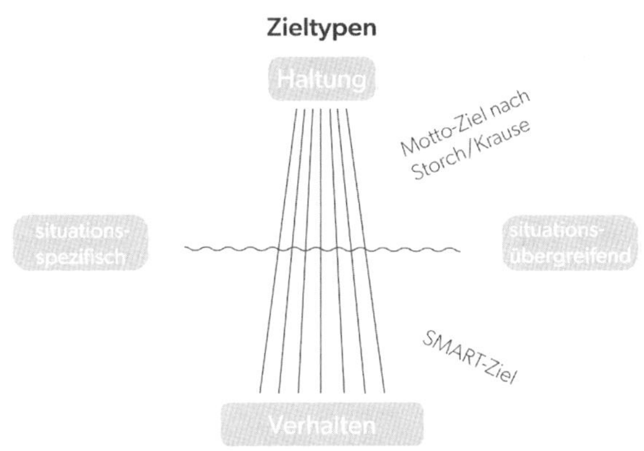

Abb. 8: Zieltypen, eigene Darstellung, angelehnt an Storch/Krause (2014)

Auf Verhaltensebene: SMART-Ziele

Ziele auf der Verhaltensebene, wie beispielsweise SMART-Ziele, kennen viele aus dem Berufsleben. SMART steht für: **S** = spezifisch; **M** = messbar; **A** = attraktiv (für die Person, die das Ziel erreichen soll); **R** = realistisch; **T** = terminiert.

SMART-Ziele beschreiben präzise, was getan werden soll. Sie sprechen den Verstand an. Die Ausführungsgenauigkeit ist sehr hoch, oftmals ist die Motivation, sich für die

Zielerreichung einzusetzen, jedoch gering. SMART-Ziele funktionieren bei kurzfristigen Vorhaben, für eine nachhaltige Verhaltensänderung reichen sie in der Regel nicht aus. Dann muss *vor* dem Formulieren eines Verhaltensziels ein Ziel auf Haltungsebene formuliert werden.

Auf Haltungsebene: Motto-Ziele

Ein Haltungsziel beschreibt eine innere Haltung, ein gewünschtes Gefühl. Es hat eine geringe Ausführungsgenauigkeit, aber eine hohe Motivationskraft. Um ein Ziel auf Haltungsebene zu formulieren, müssen Verstand und Unbewusstes dasselbe wollen. Ein Ziel, das auf Haltungsebene formuliert ist, beschreibt nicht detailliert das gewünschte Verhalten, sondern drückt das gewünschte „Gefühl", die gewünschte Einstellung aus. Das ermöglicht situativ angemessenes Verhalten, denn es ist unmöglich, für alle denkbaren Ereignisse von vornherein Verhaltensziele festzulegen. Haltungsziele wirken energetisierend, lösen Handlungsbereitschaft aus und sprechen das Unbewusste an.
Zielformulierungen auf Haltungsebene sind aus dem Alltag bekannt. Hier einige Beispiele:

- *In der Ruhe liegt die Kraft.*
- *Komm ich heut nicht, komm ich morgen.*
- *Hinfallen. Aufstehen. Krone richten.*
- *Dem Gehenden legt sich der Weg unter die Füße.*

Im ZRM® heißt ein Ziel auf Haltungsebene Motto-Ziel. Mit dem Motto-Ziel wird der Rubikon überquert. Aus

dem Wunsch ist eine Intention geworden: Statt „Ich möchte" heißt es jetzt „Ich will".
Um ein Motto-Ziel zu formulieren, wird wieder die Ideenkorb-Technik genutzt. In den Ideenkorb geben die Fremdgehirne Vorschläge für Motto-Ziele, die sie aus den Lieblingswörtern zusammengestellt haben. Ein Motto-Ziel zu formulieren ist wie Scrabble spielen mit Wörtern.

Kriterien für das Formulieren von Motto-Zielen:

- Im Präsens formulieren.
- Enthält (in der ersten Fassung) „ich"/„mich"/„mein".
- Verwendet eine bildhafte, metaphorische Sprache.
- Beschreibt eine innere Haltung.

Beispiele für Motto-Ziele für das „Kaktusbild"

- *Ich genieße und bin prachtvoll anzusehen.*
- *In meiner natürlichen Umgebung lacht meine Sonne.*
- *Ich gönne mir Vielfalt und schenke mir Mineralien.*

Ein Motto-Ziel ist nicht präzise und gibt keine klare Handlungsanleitung. Es beschreibt das Gefühl, die innere Haltung, die eine Person bei ihrem Thema leben möchte. Für Ausstehende hören sich Motto-Ziele mitunter merkwürdig an.

 # Ein eigenes Thema mit ZRM® klären:
Wie lautet Ihr Motto-Ziel in einer ersten Fassung?

Motto-Ziele entwickeln sich

Ein Motto-Ziel benötigt manchmal Zeit, um sich zu entwickeln, und es ist immer das „Motto-Ziel in der jetzt gültigen Fassung“. Morgen gibt es vielleicht neue Erkenntnisse, die zu einer Abänderung führen. Eine erste Anpassungsrunde erfolgt unmittelbar durch Überprüfen dieser Kernkriterien:

- Ist es als Annäherungsziel formuliert, beschreibt also ein „hin zu“ und kein „weg von“? Wörter, die auf ein Vermeidungsziel hinweisen, werden ausgetauscht. Das sind beispielsweise Wörter, die ein „ent-“, „un-“, „los-“, „-frei“ enthalten – wie „entspannt“, „ungefährlich“, „sorglos“, „stressfrei“.
- Ist das Ziel zu 100 Prozent unter eigener Kontrolle? Wenn nicht, gilt es, eine andere Formulierung zu wählen: Selbstwirksamkeitserleben ist nur möglich, wenn das Ziel zu 100 Prozent unter Kontrolle der Person ist, die es erreichen möchte.
- Hat es eine Affektbilanz von 0 auf der negativen Skala und mindestens 70 auf der positiven Skala? Insgesamt, für jeden Satzteil, jedes Wort? Wenn nicht, gilt es, alternative Formulierungen zu suchen.

Beispiel: Motto-Ziel zum „Kaktusbild“

Das Motto-Ziel lautet: *„Ich gönne mir vielfältige, prachtvolle Mineralien.“*

Das mit dem Thema „Ich möchte mich regionaler, saisonaler ernähren und auch weniger Fleisch essen“ vielleicht verbundene Empfinden von Verzicht ist einem

Gefühl von „Ich tue mir etwas Gutes“ gewichen. Verstand und Unbewusstes sind synchronisiert und laufen jetzt in dieselbe Richtung.
Ein Motto-Ziel ist dann rund, wenn es sich richtig gut anfühlt und mit einem stark positiven Gefühl verbunden ist. So gebildete Motto-Ziele wirken motivierend und können auch langfristig als Ressource genutzt werden.

 # Ein eigenes Thema mit ZRM® klären:
Wie lautet Ihr Motto-Ziel jetzt, nach einer ersten Überarbeitung?

Mithilfe von Bildern wird das Unbewusste zu einem bestimmten Thema exploriert. Die Auswertung des ausgewählten Bildes erfolgt durch positive Assoziationen – eigene und die von anderen Personen, sogenannten Fremdgehirnen. Assoziationen, die stark positive und keine negativen somatischen Marker bzw. Affekte aufweisen, werden durch die Affektbilanz ermittelt. Das sind die Lieblingswörter. Aus diesen Lieblingswörtern wird dann ein Motto-Ziel auf Haltungsebene formuliert. Mit dem Motto-Ziel erfolgt die Rubikon-Überquerung. Aus dem Wunsch ist eine Intention geworden.

30 MINUTEN

Was besagt die Hebb'sche Lernregel?

Seite 66

Wieso ist Embodiment Teil des ZRM®?

Seite 67

Was ist der Unterschied zwischen Zielauslöser und Prime?

Seite 72

5. Unterstützende Ressourcen aufbauen

Mit dem Motto-Ziel wurde der Rubikon überschritten. Im Rubikon-Prozess befinden wir uns nun in der Phase der Intention. Manchmal gelingt zielrealisierendes Handeln bereits jetzt. Manchmal, vor allem dann, wenn viele alte Verhaltensautomatismen vorhanden sind, ist dies noch nicht sofort der Fall.
Durch das Formulieren eines Motto-Ziels, also eines Zieles auf Haltungsebene, wird neurobiologisch gesprochen ein neues neuronales Netz angelegt. Wenn es aktiviert ist, wird zielrealisierend – also entsprechend des Motto-Ziels – gehandelt. Ein neues neuronales Netz ist zunächst noch schwach. Gerald Hüther verwendet für das Stärken eines neuronalen Netzes oft die Metapher des Dschungelpfads und der Autobahn: Bis aus einem Dschungelpfad eine breite Autobahn wird, muss der Pfad oft gegangen und breit ausgebaut werden. Neurobiologisch sprechen wir dann von gut gebahnten neuronalen Netzen. Im ZRM® wird ein Ressourcenpool mit all dem gefüllt, was das neue neuronale Netz wachsen lässt.

5.1 Neuronale Plastizität

„Was Hänschen nicht lernt, lernt Hans nimmermehr." Vielen ist dieser Spruch bekannt. Wahr ist er allerdings nicht. Die Neurobiologie hat nachgewiesen, dass menschliche Gehirne ein Leben lang veränderbar sind. Dieses Phänomen nennt man neuronale Plastizität. Lernen ist bis ins höchste Alter möglich.
Mit dem Motto-Ziel wird ein neues neuronales Netz angelegt: Damit das neue, gewünschte Verhalten umgesetzt werden kann, müssen neue Synapsen gebildet werden. Alte neuronale Netze müssen eventuell verlernt werden.

Hebb'sche Lernregel

Die Hebb'sche Lernregel lautet: „Cells that fire together, wire together." Das bedeutet, dass synaptische Verbindungen verstärkt werden, indem sie häufig benutzt bzw. aktiviert werden. Aus der Schulzeit ist vielen vielleicht das Lernen von Vokabeln in Erinnerung geblieben – das ist klassisches häufiges Aktivieren und Nutzen der „Englisch-Synapsen": Je häufiger aktiviert, desto automatisierter kann die neue Vokabel abgerufen werden. Den wenigsten Menschen hat das Vokabellernen auf diese Art und Weise allerdings viel Freude bereitet ...
Auch für zielrealisierendes Handeln gemäß dem Motto-Ziel muss das neue neuronale Netz gestärkt werden. Eine Möglichkeit ist hier – genauso wie beim Vokabel-

lernen – häufiges Üben. Klingt nicht verlockend? Im ZRM® wurde eine Alternative zum häufigen Wiederholen oder Üben gefunden: das unbewusste Lernen mithilfe von Priming. Hierzu mehr im nächsten Kapitel.

Neuronale Plastizität bedeutet, dass das menschliche Gehirn bis ins hohe Alter verändert werden kann. Mit dem Motto-Ziel wird ein neues neuronales Netz angelegt. Dieses muss jetzt gestärkt werden.

5.2 Den Ressourcenpool füllen

Eine Ressource ist im ZRM®-Verständnis alles, was das neue neuronale Netz aktiviert und stärkt. Das kann auf vielfältige Art und Weise erfolgen. Daher wird im ZRM® mit einem Ressourcenpool gearbeitet. Dieser wird mit unterschiedlichen Ressourcen gefüllt, die nach individueller Vorliebe genutzt werden können.
Bislang ist der Ressourcenpool schon gefüllt mit dem ausgewählten Bild und dem Motto-Ziel in der aktuell gültigen Fassung. Beim Bild ist das Visuelle der bevorzugte Lernkanal, beim Motto-Ziel ist es die Sprache.
Um das neue neuronale Netz zu aktivieren, werden jetzt weitere Ressourcen aufgebaut. So können – je nach Thema und persönlicher Vorliebe – aus einer großen Ressourcen-Vielfalt die passendsten Ressourcen ausgewählt werden.

Den Körper als Ressource nutzen

Der Körper ist eine wichtige Ressource, um das neue neuronale Netz zu stärken. Er steht zu jeder Zeit zur Verfügung – den Körper haben wir immer dabei. Körperarbeit unterstützt dabei, ins Handeln zu kommen. Zwischen Körper und Psyche gibt es eine ständige Wechselwirkung: Wolfgang Tschacher, Psychologe an der Universität Bern, hat hierfür die Bezeichnung „Embodiment" geprägt. Was heißt das?

- **Wechselwirkung 1 – Psyche beeinflusst Körper:** Der Körper erhält ständig Feedback aus dem psychischen System. Es gibt eine Reihe wissenschaftlicher Untersuchungen dazu, wie sich die Körperhaltung eines Menschen bei verschiedenen psychischen Befindlichkeiten – zum Beispiel Wohlbehagen oder Trauer – verändert.
- **Wechselwirkung 2 – Körper beeinflusst Psyche:** Andererseits erhält das psychische System Informationen aus dem Körper. Diese Erkenntnis ist für viele neu. Wissenschaftler*innen konnten nachweisen, dass zum Beispiel eine gebeugte Haltung am Schreibtisch – ohne anderen Grund – zu einer Stimmungsverschlechterung oder einem kritischeren Selbstbild führen kann (Storch, Krause 2014). Gefühle sind oft schwer zu beeinflussen. Der Körper kann jedoch auch in stressigen Situationen absichtsvoll und bewusst genutzt und beeinflusst werden. Er ermöglicht auch Zugang zu Gefühlen und unterstützt zielrealisierendes Handeln. Ein Beispiel ist das klassische

„State Management" von Vortragsredner*innen, um Lampenfieber zu bekämpfen: aufrechter und stabiler Stand, breite Schultern, freier Blick und tief durchatmen – und los kann es gehen!

Diese Erkenntnis nutzt das ZRM® und arbeitet mit Embodiment – dem körperlichen Ausdruck, der Darstellung des Motto-Ziels durch Gestik, Mimik, Bewegung – als weiterer Ressource. Das Embodiment nutzt den Körper als Zugang zum Unbewussten und bietet eine weitere Möglichkeit der Synchronisation von Verstand und Unbewusstem.

Ein Makro-Embodiment für das Motto-Ziel erarbeiten
Ein Embodiment ist mit einer Yoga-Übung oder einer Qigong-Abfolge vergleichbar. Manchen Menschen fällt es leicht, eine zu ihrem Motto-Ziel passende Bewegungsabfolge zu entwickeln. Andere schätzen einen Ideenkorb mit Vorschlägen für Bewegungselemente. Es lohnt sich, ein wenig zu experimentieren!
Beispiel „Kaktusbild": *Wie fühlt sich „Ich gönne mir vielfältige und prachtvolle Mineralien" an? Wie lässt sich „ich gönne mir" körperlich durch Gestik, Mimik und Körperhaltung darstellen? Und wie „vielfältige" oder „prachtvolle Mineralien"?*
So entwickelt sich Bewegungselement für Bewegungselement das Makro-Embodiment im ZRM®. Manchmal ergeben sich durch die Entwicklung des Makro-Embodiments neue Erkenntnisse für das Motto-Ziel. Viel-

leicht fühlt es sich zu anstrengend an oder zu wenig freudvoll. In diesem Fall wird das Motto-Ziel einfach verändert und angepasst!

 # Ein eigenes Thema mit ZRM® klären:
Welche Bewegungselemente enthält Ihr Makro-Embodiment? Wie ist die Bewegungsabfolge? Fühlt sich das Makro-Embodiment gut an? Prima – dann haben Sie eine weitere Ressource aufgebaut. Wenn nicht: entweder das Motto-Ziel überarbeiten oder alternative Bewegungselemente ausprobieren.

Ressourcen in der Umgebung aufbauen

Einfluss auf das Handeln hat auch die direkte Umgebung, das unmittelbare Umfeld. Auch die Umgebung kann genutzt werden, um das neue neuronale Netz zu aktivieren und zielrealisierendes Handeln zu unterstützen.

Erinnerungshilfen installieren ...

Erinnerungshilfen sind Gegenstände oder auch Geräusche, Musik oder Düfte, wenn sie an einen Gegenstand gebunden sind und zu jeder Zeit abgerufen werden können. Erinnerungshilfen können verschiedene Sinneskanäle ansprechen: visuell, auditiv, olfaktorisch oder gustativ.

... und Priming für unbewusstes Lernen nutzen

Priming nutzt unbewusste Kopplungen der Psyche an die Umgebung und erzeugt so Verhalten. John Bargh, der Vater des Primings, ist mit dem sogenannten Florida-Effekt berühmt geworden. In einem wissenschaftlichen Experiment mussten Proband*innen Wortpaare bilden. Eine Gruppe hatte Wörter zur Auswahl, die in den USA mit Jugend assoziiert werden, eine andere Gruppe Wörter, die mit Alter assoziiert werden (darunter der bei Senior*innen beliebte Bundesstaat „Florida", daher der Name des Effekts). Nach Ablauf der vorgesehenen Zeit mussten die Proband*innen über einen längeren Flur laufen, um ihre Ergebnisse im Sekretariat abzugeben. Sie nahmen an, Ziel des Experiments wäre, möglichst viele Wortpaare zu bilden. Gemessen hat Bargh jedoch die Zeit, die sie benötigten, um den Flur entlangzulaufen. Mit heutigem Wissen überrascht es nicht, dass diejenigen, die Wörter mit einer Alters-Assoziation hatten, signifikant länger unterwegs waren.

Priming wird in der Werbepsychologie genutzt, um Kaufverhalten zu beeinflussen. Priming erfolgt, wenn die Kirchturm- oder Schulglocke läutet, alte Urlaubsbilder angeschaut werden, Opas Sessel in der Ecke steht, Omas Keksrezept gebacken wird, die Nationalhymne vor dem Fußballspiel gespielt wird und wenn es aus der Bäckerei verlockend nach Kuchen duftet. Priming erfolgt immer und überall, oft durch andere, dennoch beeinflusst es das eigene Verhalten.

Im ZRM® wird Priming bewusst als Ressource eingesetzt: Ich prime mich selbst durch bewusste Entscheidung zur Gestaltung meiner Umgebung, um so das neuronale Netz meines Motto-Ziels zu aktivieren.

Durch Erinnerungshilfen kann die berufliche oder private Umgebung so ausgestattet werden, dass durch das bewusste oder unbewusste Wahrnehmen des Gegenstandes automatisch das neuronale Netz des Motto-Ziels aktiviert wird. Auch dann, wenn die Erinnerungshilfe unbewusst wahrgenommen wird, wird das neue neuronale Netz ständig angesprochen und gestärkt. Einfach und höchst wirkungsvoll einsetzbar!

Unterschied: Primes und Zielauslöser

Beides sind Erinnerungshilfen, die das Aktivieren des neuen neuronalen Netzes auslösen sollen.

- **Zielauslöser:** Zielauslöser werden bewusst eingesetzt, um zielrealisierend zu handeln. Beispiel für das „Kaktusbild“: Ein Portemonnaie mit Kaktusmotiv wird vor dem Einkauf bewusst angeschaut, um vegetarisch, regional und gesund einzukaufen und nicht in Versuchung zu geraten.
- **Prime:** Dasselbe Portemonnaie kann auch ein Prime sein. Das Kaktusmotiv aktiviert das neuronale Netz bei jedem Bezahlen, jedem Anschauen, jedem Herausnehmen des Portemonnaies automatisch, auch dann, wenn Theaterkarten oder Schuhe gekauft werden sollen. Priming wirkt permanent unterhalb der Bewusstseinsschwelle und hilft, zielrealisierend gemäß dem Motto-Ziel zu handeln.

Anforderungen an Erinnerungshilfen
Der Gegenstand muss neu sein. Alte Gegenstände sind an alte neuronale Netze gebunden – und diese zu aktivieren, ergibt keinen Sinn, wenn doch das neue neuronale Netz aktiviert werden soll.
Beispiel: *Ein neuer Kaktus ist ein hilfreicher Prime. Der Kaktus, den mir Tante Erna zum Geburtstag geschenkt hat, passt nicht. Denn er aktiviert das „Geburtstag-Tante-Erna-neuronale-Netz" und nicht das gewünschte neue neuronale Netz.*
Der Gegenstand muss in meinem unmittelbaren Zugriff sein. Beispiel: Sonnenschein ist nicht in meinem unmittelbaren Zugriff, ein „Sonnen-Magnet" für den Kühlschrank aber schon.
Auch Musik oder Duft kann als Prime verwendet werden. Jedoch muss die Musik oder der Duft an einen Gegenstand gebunden und in meinem direkten Zugriff sein. Beispiel: Flakon mit Parfüm oder Klingelton auf dem Handy.
Ist der Gegenstand einmal als Erinnerungshilfe installiert, wirkt er sofort und aktiviert das neuronale Netz.

Erinnerungshilfen für den Ressourcenpool
Zu viel Priming geht nicht! Jede Erinnerungshilfe aktiviert das neue neuronale Netz permanent. Installieren Sie daher – mit Bezug zum Motto-Ziel – mindestens

- **fünf stationäre Erinnerungshilfen** (Beispiele: Bildschirmschoner mit dem gewählten Bild, Motto-Ziel als Password am PC, Blumenvase, Tischset in der

Küche, Kaffeetasse mit dem Bild, ein schöner Stein, eine Muschel, schwarzer Sand, ein Kaktus für die Küche) und

- **fünf mobile Erinnerungshilfen** (Beispiele: das Bild als Hintergrundbild am Handy, Klingelton Handy, Schlüsselanhänger, Socken, Schmuck, Parfüm, Notizbuch).

 # Ein eigenes Thema mit ZRM® klären:
Welche Erinnerungshilfen installieren Sie als Zielauslöser oder Primes?

Ihr Ressourcenpool

Neben dem Bild und dem Motto-Ziel befinden sich jetzt auch ein Makro-Embodiment und Erinnerungshilfen im Ressourcenpool. Weitere Ressourcen – die sozialen Ressourcen sowie der Micro-Move – werden in den folgenden Kapiteln beschrieben.

30 ***Das neue neuronale Netz muss immer wieder aktiviert und gestärkt werden, um zu einem stabilen Netz zu werden, das automatisiert das gewünschte neue Verhalten abrufen kann. Im ZRM® wird hierzu ein Ressourcenpool gefüllt: mit dem ausgewählten Bild, dem Motto-Ziel, einem Makro-Embodiment und Erinnerungshilfen. Alle oder einzelne Ressourcen können, je nach individueller Vorliebe, gezielt verwendet werden, um das neue neuronale Netz zu stärken.***

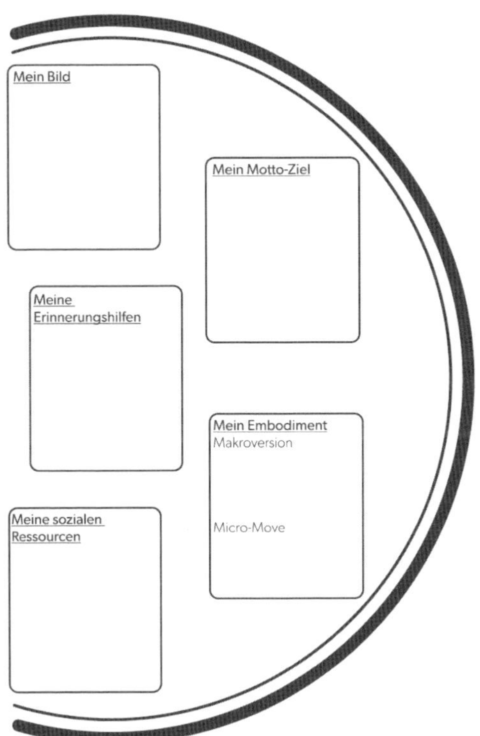

Abb. 9: Ressourcenpool, eigene Darstellung, angelehnt an Storch/Krause (2014)

30
MINUTEN

6. Zielrealisierend handeln

Im Rubikon-Prozess befinden wir uns jetzt in der fünften und damit letzten Phase – „Handeln". Jetzt steht der Transfer in den Alltag im Fokus. In diesem Kapitel werden Situationen vom Typ A, B und C beschrieben. Diese werden im ZRM® auf unterschiedliche Art und Weise vor- bzw. nachbereitet.

Es gibt eine Anleitung für das Wahrnehmen zielrealisierenden Handelns und Unterstützung bei der Vor- und Nachbereitung von schwierigen Situationen. Weitere Ressourcen – Micro-Move und soziale Ressourcen – werden aufgebaut. Und Wenn-dann-Pläne helfen dabei, unerwünschte Sofortautomatismen (also ungewünschtes Verhalten) durch gewünschtes Verhalten zu ersetzen.

Nach und nach gelingt zielrealisierendes Handeln so immer besser: Nach ca. drei bis sechs Monaten ist aus dem zarten neuen neuronalen Netz ein starkes, tragfähiges neuronales Netz geworden.

6.1 Situationstypen

Das Motto-Ziel ist formuliert, das neue neuronale Netz ist aufgebaut. Jetzt geht es um die Umsetzung im Alltag. Hier können drei verschiedene Situationen entstehen. Einfachheitshalber werden sie im ZRM® mit A, B und C bezeichnet. Diese Situationstypen können auf unterschiedliche Art und Weise vor- bzw. nachbereitet werden.

A-Situationen

Zielrealisierendes Handeln ist einfach, automatisch und ohne weitere Vorbereitung gelungen. Das neue neuronale Netz ist zuverlässig angesprungen.

Die Herausforderung besteht darin, dies wahrzunehmen und sich selbst Anerkennung für das zielrealisierende Handeln zu zollen. Egal ob die Handlung als Kleinigkeit empfunden wird oder ob es sich um etwas Größeres handelt: Das neue neuronale Netz wurde aktiviert und Sie haben so gehandelt, wie es Ihrem Motto-Ziel entspricht. Das ist eine großartige Leistung! Diese Leistung gilt es anzuerkennen, denn das neue neuronale Netz wächst auch durch Aufmerksamkeit und Lob.

Viele Male bei Kleinigkeiten zielrealisierend zu handeln, kann für das zu erreichende Ziel einen großen Unterschied ausmachen. Das gilt auch für nachhaltige Lebensführung: Viele Male nur so viele Lebensmittel einkaufen, wie wirklich benötigt werden, reduziert eben auch die CO_2-Bilanz.

A-Situationen können mithilfe eines Aufmerksamkeitsspeichers gesammelt werden, zum Beispiel schriftlich in einer Tabelle, als Auflistung oder in einem Tagebucheintrag. So wird Aufmerksamkeit auf die Erfolge gelenkt und das Vertrauen in das eigene Selbstmanagement gestärkt.

 # Ein eigenes Thema mit ZRM® klären:
Welche Art von Aufmerksamkeitsspeicher wollen Sie für A-Situationen verwenden? Wie wollen Sie sich belohnen, wenn Sie mehrere A-Situationen identifiziert haben?

B-Situationen

Das sind Situationen, in denen zielrealisierendes Handeln schwierig werden könnte. B-Situationen haben den Vorteil, dass sie planbar sind, weil sie vorhersehbar sind. Es kann zum Beispiel sein, dass ein Termin ansteht, bei dem es schwer werden könnte, entsprechend dem Motto-Ziel zu handeln.
Beispiel „Kaktusbild": *Sich im Kurzurlaub mit Freunden vegan zu ernähren, kann schwierig sein. Auch eine wiederkehrende Situation, etwa der wöchentliche Lebensmitteleinkauf, kann in diesem Beispiel als schwierige B-Situation eingestuft werden.*
Der Schwierigkeitsgrad von B-Situationen variiert, abhängig vom persönlichen Empfinden. Eine Einschätzung der gefühlten Herausforderung kann durch den Eintrag in ein Thermometer erfolgen:

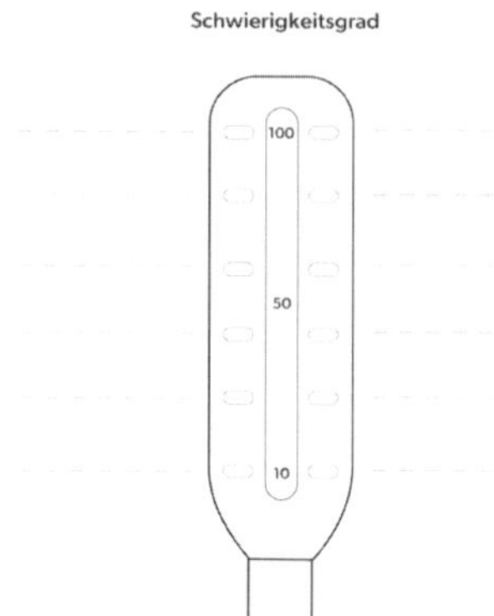

- **70 bis 100** = sehr schwierig
- **40 bis 70** = mittelschwierig
- **unter 40** = kaum schwierig

Abb. 10: B-Situationen auf Thermometer einschätzen, eigene Darstellung, angelehnt an Storch/Krause (2014)

Situationen im Bereich bis ca. 40 werden möglicherweise ohnehin zu einer A-Situation, Situationen oberhalb von 70 sind für das neue neuronale Netz wahrscheinlich noch zu schwer. Im mittleren Bereich des Thermometers, also zwischen ca. 40 und 60 oder maximal 70, ist die Situation schwer, aber zu bewältigen.
Situationen im mittleren Schwierigkeitsbereich bieten sich an, um mit einer realistischen Aussicht auf Erfolg zu üben. Das ist wie beim Sport: Auch hier muss sich die erwartbare Leistung an den aktuellen körperlichen Möglichkeiten orientieren. Ohne Training und Vorbereitung erwartet ja auch niemand, einen Marathon laufen zu können.
B-Situationen im oberen Drittel können auch bearbeitet werden, in der Regel mithilfe eines Coaches. In die-

sem Fall wird die gesamte Situation genauer betrachtet und in kleinere Situationselemente zerlegt, für die eine erneute Einschätzung auf dem Thermometer erfolgt. Um sich auf die Teilsituationen, die nun im mittleren Bereich liegen, vorzubereiten, werden Ressourcen aufgebaut. Dazu können Ressourcen verwendet werden, die bereits im Ressourcenpool vorhanden sind. Zusätzlich werden soziale Ressourcen, ein Micro-Move und Wenn-dann-Pläne entwickelt. Dies wird im nächsten Kapitel beschrieben.

 # Ein eigenes Thema mit ZRM® klären:
Welche planbaren Situationen, in denen es schwer werden könnte, gemäß dem Motto-Ziel zu handeln, stehen in den nächsten ein bis zwei Wochen an? Welche der Situationen ist im mittleren Schwierigkeitsbereich?

C-Situationen

Hierunter werden Situationen verstanden, die schwierig sind und zudem überraschend auftreten. Zielrealisierendes Handeln gelingt noch nicht. Das neue neuronale Netz ist (noch) überfordert und springt nicht an. Reagiert wird auf die alte, nun nicht mehr erwünschte Art und Weise.

Jetzt gilt es, ruhig zu bleiben und sich nicht zu ärgern. So ist es nun mal: Das neue neuronale Netz ist noch nicht stark genug ausgeprägt. Was kann jetzt getan werden?

- Die C-Situation bemerken.
- Keinen (lang anhaltenden) Ärger aufbauen.
- Die Situation notieren, zum Beispiel in einem Logbuch.
- Wenn es mehrere C-Situationen gab, werden diese auf gemeinsame Vorläufersignale hin ausgewertet (Kopfschmerzen, Onkel Alfred zu Besuch, verschlafen, kein Kaffee gehabt, Bus verpasst, Socken nicht gefunden ...).
- Aus der Vorläufersituation kann nun eine planbare B-Situation formuliert werden, die wiederum durch den Aufbau von Ressourcen vorbereitet wird.

Stück für Stück werden so aus C-Situationen planbare B-Situationen.

Es wird immer leichter

Im Laufe der Zeit wird das neue neuronale Netz stärker und immer häufiger automatisch aktiviert. A-Situationen treten vermehrt auf, B-Situationen benötigen weniger Vorbereitung und C-Situationen werden seltener. Je nach Thema ist hierfür ein Zeitraum von drei bis sechs Monaten (manchmal auch länger) einzuplanen. Es gilt, geduldig am Ball bleiben!

Bei der Umsetzung des Motto-Ziels in den Alltag unterscheidet ZRM® die Situationstypen A, B und C. Diese werden auf unterschiedliche Art vor- bzw. nachbereitet.

6.2 Weitere Ressourcen für B-Situationen

Soziale Ressourcen und Micro-Move sind weitere Ressourcen, die situationsbezogen entwickelt und eingesetzt werden können. Sie sind Teil der Vorbereitung von B-Situationen und ergänzen den Ressourcenpool.

Soziale Ressourcen

Manche Menschen erfahren größtmögliche Unterstützung, wenn andere Menschen ihnen zur Seite stehen. So wird das neue neuronale Netz ebenfalls aktiviert und die Zielerreichung des Motto-Ziels unterstützt. Soziale Ressourcen werden situationsspezifisch zum Vorbereiten von B-Situationen verwendet. Drei Typen werden unterschieden:

- **Stille soziale Ressource:** Jemand aus meinem Umfeld zeigt regelmäßig das Verhalten, das ich selbst gerne zeigen würde. Hieran erinnere ich mich bewusst, indem ich mich beispielsweise bei einem Termin, bei dem ich mich zielrealisierend verhalten möchte, neben diese Person setze. Die Person selbst weiß nicht, dass sie eine stille soziale Ressource für mich ist.
- **Strategische soziale Ressource:** Jemand wird gebeten, eine Handlung auszuführen, zum Beispiel: „Bitte verwende immer den Block mit dem Kaktusbild für die Einkaufsliste." Die Person hat kein ZRM®-Wissen und erhält keine weiteren Hintergrundinformationen.

- **Eingeweihte soziale Ressource:** Der Mensch, der mir als soziale Ressource dienen soll, wird eingeweiht, das heißt, er oder sie erhält detaillierte Informationen über die Situation und mein gewünschtes zielrealisierendes Verhalten. Vor oder während der Situation soll diese Person mich durch ein abgesprochenes Verhalten an mein Motto-Ziel erinnern, zum Beispiel: „Wenn ich morgens meine Tasche für die Arbeit gepackt habe, dann leg bitte meinen Fahrradhelm dazu."

Micro-Move

In B-Situationen kann es auch hilfreich sein, den Körper als Ressource zu nutzen. Das Makro-Embodiment (s. Kapitel 5.2) wäre aber möglicherweise in einer konkreten Situation zu auffällig und unangemessen. Für diesen Fall wird ein situationsspezifisches Mikro-Embodiment – der Micro-Move – entwickelt: Das kann eine winzige Handbewegung sein, ein kleines Bewegungselement aus dem Makro-Embodiment, ein Aufrichten der Wirbelsäule oder Ähnliches. Diese Bewegung kann völlig unauffällig ausgeführt werden und aktiviert so das neue neuronale Netz.

 # Ein eigenes Thema mit ZRM® klären:
Welche sozialen Ressourcen können Sie zur Vorbereitung der schwierigen B-Situation aktivieren? Wie sieht Ihr Micro-Move aus?

Soziale Ressourcen und ein Micro-Move ergänzen den Ressourcenpool und helfen, B-Situationen vorzubereiten. 30

6.3 Wenn-dann-Pläne

Wenn-dann-Pläne nach Peter Gollwitzer werden ebenfalls zur Vorbereitung von B-Situationen genutzt. Ihr Nutzen wurde in etlichen Studien wissenschaftlich evaluiert.

> Zusätzlichen Input zu den Wenn-dann-Plänen unter: **https://gerda-m-koester.de/30-Min-ZRM-Bonus**

Mit Wenn-dann-Plänen wird das Unbewusste angeleitet, Sofortautomatismen zu bilden. Das liegt in der sprachlichen Form von „Wenn ... dann ..." begründet. Wenn-dann-Pläne sind leicht umzusetzen. Einmal geschrieben, ist die Wahrscheinlichkeit, zielrealisierend zu handeln, signifikant höher als ohne Wenn-dann-Plan.

Einen Wenn-dann-Plan formulieren

1. Den Auslösereiz präzise beschreiben: *„**Wenn** ich morgen nach der Arbeit im Supermarkt einkaufe ..."*
2. Und das gewünschte Verhalten genau beschreiben: *„... **dann** greife ich zu saisonalen Produkten."*
3. Den Wenn-dann-Plan in einem Zug – am besten von Hand – aufschreiben.
4. Ein „Wenn" kann maximal drei „dann" beinhalten – sollten mehr „dann" gewünscht sein, muss ein neuer

Wenn-dann-Satz formuliert werden. Beispiel: *„Wenn es morgen früh um 8 Uhr regnet, dann ziehe ich meine Regenkombi an, setze mich aufs Rad und fahre zur Arbeit."*

 # Ein eigenes Thema mit ZRM® klären:
Wie lautet Ihr Wenn-dann-Satz?

In Phase 5 des Rubikon-Prozesses wird zielrealisierendes Handeln anhand von Situationen vom Typ A, B oder C vor- bzw. nachbereitet.

- *Bei A-Situationen gelingt zielrealisierendes Handeln spontan. Zum Wahrnehmen von A-Situationen hilft ein Aufmerksamkeitsspeicher.*
- *B-Situationen sind schwierig, aber vorhersehbar und somit planbar. Für B-Situationen wird der Ressourcenpool um soziale Ressourcen, Micro-Move und Wenn-dann-Pläne ergänzt.*
- *C-Situationen sind schwierig und nicht planbar. Zielrealisierendes Handeln gelingt noch nicht immer. Durch das Führen eines Logbuchs und das Auswerten von Vorläufersignalen können aus C-Situationen nach und nach B-Situationen werden.*

Bis das neue neuronale Netz immer automatisiert anspringt, vergehen ca. drei bis sechs Monate. Jetzt kommen fast keine C-Situationen mehr vor. Für ein neues Thema, einen neuen Wunsch kann nun ein neues Motto-Ziel entwickelt werden. Das Selbstmanagement funktioniert!

Fast Reader

1. Transformation zu nachhaltiger Lebensführung

Klimawandel, Ressourcenknappheit, Ernährung der rasant wachsenden Weltbevölkerung: Themen wie diese haben lange ein Schattendasein gefristet. Umgedacht wurde schon, jetzt gilt es, ins Handeln zu kommen. Dazu sind Verhaltensänderungen erforderlich.

Wissenschaftler*innen haben erforscht, wie jede
und jeder zu einer Begrenzung der Erhöhung der 30
Erderwärmung beitragen kann:

- ***Pkw- und Flugverkehr reduzieren,***
- ***sich pflanzenbasiert ernähren,***
- ***Lebensmittelabfälle vermeiden,***
- ***energieeffiziente Geräte nutzen,***
- ***der Natur mehr Raum geben,***
- ***Gegenstände und Kleidung reparieren, verschenken oder verkaufen, statt zu entsorgen.***

2. Nachhaltig Verhalten ändern

Dauerhafte Verhaltensänderung ist schwieriger, als es auf den ersten Blick scheint. Das Ziel der Verhaltensänderung muss für Kopf und Bauch stimmig sein. Es wird intrinsische Motivation für neues Verhalten benötigt. Gleichzeitig muss altes, gewohntes Verhalten verlernt und neues, gewünschtes Verhalten gelernt werden.

Zwei bestens geeignete Methoden, um Verhalten zu verändern, sind das Zürcher Ressourcen Modell® (ZRM®) sowie die Theorie U:

- ***ZRM® wurde von Maja Storch und Frank Krause entwickelt. Es hilft Menschen, sich bei ihren Absichten und Wünschen besser zu steuern und sich auch in schwierigen Situationen so zu verhalten, wie es ihrem Wunsch entspricht. Erkenntnisse aus Motivationspsychologie und aus Neurobiologie werden berücksichtigt.***
- ***Theorie U wurde als Methode zur Transformation von Gesellschaft, Organisationen und Individuen in Zeiten der Disruption von Otto Scharmer entwickelt. Statt aus der Vergangenheit zu lernen, zeigt die Theorie U Wege auf, um „aus der Zukunft zu führen" (Scharmer, Käufer 2016). Mit dem Dreiklang von Kopf, Herz und Hand gelingt Transformation.***

3. Die Grundlagen des ZRM®

Der Rubikon-Prozess ist der rote Faden durch die Arbeit mit dem ZRM®. Ein Wunsch durchläuft fünf Phasen, bis er in zielrealisierendem Handeln mündet: Vor dem Rubikon werden unbewusste Bedürfnisse und bewusste Motive synchronisiert. Mithilfe des Motto-Ziels wird der Rubikon überquert. In der Phase der Intention ist aus dem „Ich möchte" ein festes „Ich will" geworden. Manchmal ist zielrealisierendes Handeln jetzt schon möglich, häufiger müssen in der Phase der präaktionalen Vorbereitung Ressourcen aufgebaut werden. In Phase 5 wird Handeln vor- bzw. nachbereitet.

Folgende Grundlagen sind für das Arbeiten mit ZRM® wichtig: 30

- ***Die zwei Systeme: Jeder Mensch verfügt evolutionsbedingt über zwei Systeme zum Wahrnehmen, Bewerten und Entscheiden – den Verstand und das Unbewusste (auch emotionales Erfahrungsgedächtnis genannt).***
- ***Somatische Marker: Das sind blitzschnelle Körpersignale, diese sind das Kommunikationsmittel des Unbewussten.***
- ***Ziel der Arbeit mit dem ZRM® ist die Selbstregulation: Verstand und Unbewusstes unterstützen gemeinsam das Ziel.***

4. Vom Wunsch zum Ziel

Im ersten Schritt geht es darum, ein Thema festzulegen: Welches Verhalten möchte ich ändern? Möchte ich an einem speziellen Thema oder themenübergreifend arbeiten?
Zur Exploration des Unbewussten wird ein Bild ausgewählt, das ein stark positives Gefühl auslöst. Entscheidend ist das Gefühl. Erst danach erfolgt eine Analyse des Bildes: Weshalb hat mein Unbewusstes das Bild ausgewählt? Ideen dazu werden in einem Ideenkorb gesammelt, auch „Fremdgehirne" (andere Menschen) können positive Assoziationen zum Bild beisteuern. Die Ideen werden dann mithilfe der Affektbilanz ausgewertet, Lieblingswörter werden identifiziert.

Aus allen Lieblingswörtern wird – eventuell mit Unterstützung der „Fremdgehirne" – ein Motto-Ziel formuliert:

- ***Das Motto-Ziel ist ein Haltungsziel: Es beschreibt ein erwünschtes Gefühl und hat eine hohe Motivationskraft.***
- ***Das Motto-Ziel wird überprüft und weiterentwickelt zur „jetzt gültigen Fassung".***
- ***Wenn das Motto-Ziel steht – also mit einem richtig guten Gefühl verbunden ist –, wurde der Rubikon überquert: Aus dem Wunsch ist nun eine Intention geworden.***

5. Unterstützende Ressourcen aufbauen

Nach dem Überqueren des Rubikons gilt es, zielrealisierend zu handeln. Dazu muss neues Verhalten erlernt und altes Verhalten verlernt werden. Das menschliche Gehirn ist ein Leben lang veränderbar. Dies wird als neuronale Plastizität bezeichnet. Durch das Motto-Ziel wird ein neues neuronales Netz angelegt, das zunächst noch schwach ist. Durch Ressourcen wird das neue neuronale Netz gestärkt. Eine Ressource im ZRM® ist alles, was das neuronale Netz aktiviert und so stärkt – im Sinne der Hebb'schen Lernregel: Cells that fire together, wire together.

Bei der Umsetzung des gewünschten Verhaltens hilft ein gut gefüllter Ressourcenpool. Dieser besteht aus

- ***dem ausgewählten Bild,***
- ***dem Motto-Ziel,***
- ***einem Makro-Embodiment (einer mit dem Motto-Ziel assoziierten Bewegung) und einem Micro-Move (einer entsprechenden kleinen, unauffälligen Bewegung),***
- ***(mobilen wie stationären) Erinnerungshilfen als Zielauslöser bzw. Primes sowie***
- ***sozialen Ressourcen und Wenn-dann-Plänen.***

6. Zielrealisierend handeln

Im Rubikon-Prozess wurde Phase für Phase aus dem Wunsch ein Ziel, das nun – in der fünften Phase – in zielrealisierendem Handeln mündet. Beim zielrealisierenden Handeln können verschiedene Situationstypen unterschieden werden.

Die drei Situationstypen sind:

- ***A-Situationen: Zielrealisierendes Handeln gelingt einfach und ohne Vorbereitung.***
- ***B-Situationen: Diese Situationen sind schwierig, aber vorhersehbar. Sie können, ggf. mit einem Coach, gezielt durch das Nutzen der Ressourcen im Ressourcenpool vorbereitet werden.***
- ***C-Situationen: In diesen Situationen gelingt zielrealisierendes Handeln (noch) nicht. Indem mehrere C-Situationen auf gemeinsame Vorläufersignale hin untersucht werden, können sie in B-Situationen verwandelt werden.***

Mit der Zeit werden immer mehr Situationen leicht zu bewältigen sein. Nach drei bis sechs Monaten ist das neue neuronale Netz in den meisten Fällen stark und wird (fast immer) automatisiert abgerufen. Jetzt kann ein weiteres Thema mithilfe von ZRM® über den Rubikon kommen.

Die Autorin

Gerda Köster ist Inhaberin des Beratungsunternehmens GMK – Entwicklung von Organisation und Individuum. Mit über 25 Jahren Erfahrung in Fach- und Führungspositionen im HR-Bereich berät und coacht sie zu Nachhaltigkeit in Führung und Personalarbeit und unterstützt bei der Entwicklung einer zukunftsfähigen Unternehmenskultur.
Gerda Köster ist Dipl.-Betriebswirtin, zertifizierte Trainerin für das Zürcher Ressourcen Modell®, Theory U Practitioner und hat Weiterbildungen im Bereich Business Sustainability Management an der University of Cambridge absolviert.

Mehr Input zu den Buchinhalten kann unter ***https://gerda-m-koester.de/30-Min-ZRM-Bonus*** *heruntergeladen werden.*
Informationen zu ZRM®-Seminaren und -Coachings der Autorin finden Sie auf ***www.gmk-entwicklung.de*** *oder nehmen Sie per Mail Kontakt auf.*

E-Mail: info@gmk-entwicklung.de

Weiterführende Literatur

- Damasio, Antonio: Ich fühle, also bin ich. Die Entschlüsselung des Bewusstseins. München: List, 2001
- Descartes, René: Meditationen über die Grundlagen der Philosophie, 1641
- Ernst, Dorothea: Nachhaltigkeit. Offenbach: GABAL Verlag, 2020
- Gollwitzer, Peter: Abwägen und Planen. Bewusstseinslagen in verschiedenen Handlungsphasen. Göttingen: Hogrefe, 1993
- Kahneman, Daniel: Schnelles Denken, langsames Denken. 20. Auflage. München: Siedler Verlag, 2015
- Köster, Gerda: Persönliche Kompetenzen und unterstützende Rahmenbedingungen für gelungene Teilzeitführung. In: Teilzeitführung. Hrsg. Anja Karlshaus, Boris Kaehler. Wiesbaden: Springer Fachmedien, 2017
- Roth, Gerhard: Wie veränderungsfähig sind Menschen? In changemanagement! Düsseldorf: Handelsblatt Media Group, 09/2020

- Scharmer, Claus Otto: The Essentials of Theory U. San Francisco: Berre-Koehler Publishers, 2018

- Scharmer, Claus Otto, und Käufer, Katrin: Leading From the Emerging Future. From Ego-system to Eco-System Economies. San Francisco: Berre-Koehler Publishers, 2016

- Storch, Maja, und Krause, Frank: Selbstmanagement – ressourcenorientiert. Bern: CH. Huber Verlag, 2014

- Storch, Maja, und Krause, Frank: Ressourcen aktivieren mit dem Unbewussten. Manual und ZRM-Bildkartei. Bern: Verlag Hans Huber, 2011

Onlinequellen

Alle Internetseiten wurden am 20.08.2020 abgerufen.

E-learning Kurs: Life lessons. Dr. Maja Storch/Zürcher Ressourcen Modell, 2019; https://ismz.ch/lifelessons-dr-maja-storch/
https://17ziele.de/
https://presencing.org
https://sdg-portal.de/de
https://www.drawdown.org/
https://www.youtube.com/watch?v=9rXjmr64KjU
https://zrm.ch/forschung

Register